兴隆热带植物园科普丛书

电镜下的热带植物花粉

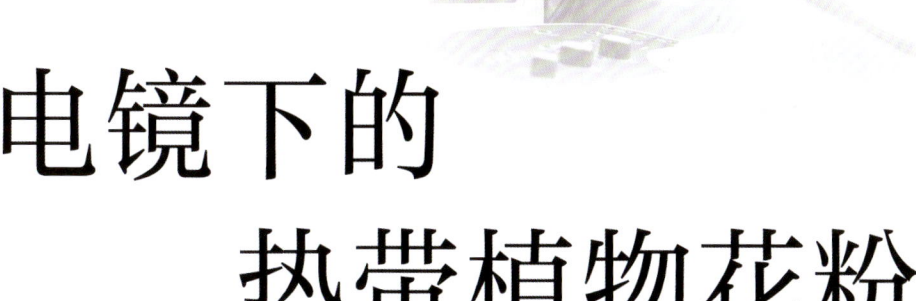

◎ 白亭玉　秦晓威　苏　凡　主编

中国农业科学技术出版社

图书在版编目（CIP）数据

电镜下的热带植物花粉 / 白亭玉，秦晓威，苏凡主编 . -- 北京：中国农业科学技术出版社，2023.11

（兴隆热带植物园科普丛书 / 王庆煌主编）

ISBN 978-7-5116-6563-8

Ⅰ . ①电… Ⅱ . ①白… ②秦… ③苏… Ⅲ . ①热带植物—花粉—电子显微镜分析 Ⅳ . ① Q944.58

中国国家版本馆 CIP 数据核字 (2023) 第 233575 号

责任编辑　史咏竹　董定超
责任校对　马广洋
责任印制　姜义伟　王思文

出 版 者　中国农业科学技术出版社
　　　　　北京市中关村南大街 12 号　邮编：100081
电　　话　（010）82105169（编辑室）　（010）82109702（发行部）
　　　　　（010）82109709（读者服务部）
网　　址　https://castp.caas.cn
经 销 者　各地新华书店
印 刷 者　北京地大彩印有限公司
开　　本　185 mm×260 mm　1/16
印　　张　8.5
字　　数　201 千字
版　　次　2023 年 11 月第 1 版　2023 年 11 月第 1 次印刷
定　　价　85.00 元

━━━━━ 版权所有·翻印必究 ━━━━━

《兴隆热带植物园科普丛书》
编委会

主　编　王庆煌

编　委　（按姓氏笔画排序）

　　　　龙宇宙　邢谷杨　刘国道　闫　林　李　琼

　　　　李付鹏　吴　刚　初　众　张籍香　陈业渊

　　　　鱼　欢　郝朝运　胡丽松　秦晓威　唐　冰

《电镜下的热带植物花粉》
编委会

主　编　白亭玉　秦晓威　苏　凡

副主编　苏兰茜　贺书珍　柳瑞冰　唐　冰　朱　琳
　　　　邓文明　王学良

编　者　（按姓氏笔画排序）

　　　　王君鹭　王学良　王晓燕　仇立爽　邓文明
　　　　白亭玉　吉训志　朱　琳　伍宝朵　闫　林
　　　　孙世伟　孙春晓　苏　凡　苏兰茜　杨建峰
　　　　吴　刚　吴桂苹　初　众　张映萍　张彦军
　　　　欧阳成　鱼　欢　郝朝运　胡荣锁　柳瑞冰
　　　　贺书珍　秦晓威　唐　冰　唐玉妹　黄晓旭
　　　　黄富权　符红梅　谭梦怡　樊力维

前言 Foreword

　　兴隆热带植物园是一座集"科学研究、产品开发、科普示范"于一体的综合性热带植物园，隶属农业农村部中国热带农业科学院香料饮料研究所，是海南省最早对社会开放的热带植物园。兴隆热带植物园长期开展植物引种驯化、鉴定评价、开发利用等方面的工作。20 世纪 50 年代，泰国、越南、印度尼西亚、马来西亚等 20 多个国家和地区的归国华侨在兴隆华侨农场安家，他们回国时携带了很多热带植物资源，被引入兴隆热带植物园保育，其中包括胡椒、咖啡、可可、香草兰等。此后，在中国热带农业科学院香料饮料研究所一代又一代科研工作者的努力收集、引种和保育下，兴隆热带植物园逐渐形成热带香料饮料植物、热带特色水果、热带观赏植物、棕榈植物、热带水生植物、热带珍稀濒危植物、热带沙生植物等植物专类园区。

　　扫描电镜（全称扫描电子显微镜，SEM-Scanning Electron Microscope）是近代研究表面微观世界的一种全能电子光学仪器，利用它可以观察任何不规则的原始表面，所观察到的图像比其他类型的显微镜更富有立体感，并能在原位同时进行成分分析和结构分析。扫描电镜具有直接观察样品表面结构、精深大、放大范围广、分辨率高、样品制备过程简单等优点，对于种皮和果皮的纹饰，花粉粒、孢子、茎、叶表皮组织的结构，个别组织和细胞，以及后含物晶体等方面的鉴别效果显著。

　　人们对于花粉的认识已有几千年的历史了。由于花粉粒的体积很小，一般不能用肉眼观察花粉粒的形态，故关于花粉的研究是在显微镜发明以后才开始的。

大量研究表明，植物的成熟花粉形态结构稳定，遗传变异小，种属的特征性强，种之间的形态差异明显。20世纪70年代中期以来，由于扫描电镜在孢粉学研究上的应用，越来越多的学者利用花粉形态特征的分析进行植物科、属、种及种级以下的分类和鉴定，大量研究成果已作为进行植物种属细致分类的重要指标而被应用。

编者在兴隆热带植物园的园区内进行了大量调查记录，拍摄了大量花粉电镜照片，《电镜下的热带植物花粉》一书是在此基础上编写完成的，该书收集整理了兴隆热带植物园内43科81属100种花粉的电镜图片，便于读者了解热带特色植物资源的花粉特征。

本书出版主要得到中央级高校和科研院所等单位重大科研基础设施和大型科研仪器开放共享后补助经费、物种品种资源保护经费（编号102125171630140009003）、万宁科研基地后补助资助经费、海南省科普场馆（兴隆热带植物园）补助经费、农业农村部香辛饮料作物遗传资源利用重点实验室运行费、海南省热带香辛饮料作物遗传改良与品质调控重点实验室后补助费用、海南省特色热带作物适宜性加工与品质控制重点实验室后补助费用资助。

由于编者水平有限，难免出现疏漏和不妥之处，恳请专家与读者批评指正！

编　者

2023年11月

目 录 Contents

第一章　兴隆热带植物园概况 ··· 1
一、建设单位基本情况 ··· 3
二、园区自然环境 ··· 4
三、取得的荣誉 ·· 5

第二章　孢粉学及花粉形态 ··· 11
一、孢粉学 ·· 13
二、花粉形态 ··· 14

第三章　热带植物花粉种类详述 ··· 19
一、胡椒科 Piperaceae ·· 21
1. 胡椒 *Piper nigrum* L. ·· 21
二、马兜铃科 Aristolochiaceae ·· 22
2. 巨花马兜铃 *Aristolochia gigantea* Mart. et Zucc. ························ 22
3. 美丽马兜铃 *Aristolochia littoralis* D. Parodi ······························· 23
三、肉豆蔻科 Myristicaceae ·· 24
4. 肉豆蔻 *Myristica fragrans* Houtt. ·· 24
四、木兰科 Magnoliaceae ··· 25
5. 白兰 *Michelia* × *alba* DC. ·· 25
五、樟科 Lauraceae ··· 26
6. 锡兰肉桂 *Cinnamomum verum* J. Presl ···································· 26
六、泽泻科 Alismataceae ·· 27
7. 黄花蔺 *Limnocharis flava* (L.) Buch. ·· 27

七、兰科 Orchidaceae	28
8. 文心兰 *Oncidium flexuosum* Lodd.	28
9. 香荚兰 *Vanilla planifolia* Andrews	29
八、鸢尾科 Iridaceae	30
10. 巴西鸢尾 *Neomarica gracilis* (Herb.) Sprague	30
九、石蒜科 Amaryllidaceae	31
11. 红花文殊兰 *Crinum amabile* Donn ex Ker Gawl.	31
12. 文殊兰 *Crinum asiaticum* var. *sinicum* (Roxb. ex Herb.) Baker	32
13. 南美水仙 *Eucharis amazonica* Linden	33
14. 龙须石蒜 *Eucrosia bicolor* Ker Gawl.	34
15. 水鬼蕉 *Hymenocallis littoralis* (Jacq.) Salisb.	35
16. 韭莲 *Zephyranthes carinata* Herbert	36
十、芭蕉科 Musaceae	37
17. 千层蕉 *Musa chiliocarpa* Backer ex K. Heyne	37
18. 红蕉 *Musa coccinea* Andr.	38
19. 朝天蕉 *Musa velutina* H. Wendl. et Drude	39
20. 地涌金莲 *Musella lasiocarpa* (Franch.) C. Y. Wu ex H. W. Li	40
十一、美人蕉科 Cannaceae	41
21. 粉美人蕉 *Canna glauca* L.	41
十二、姜科 Zingiberaceae	42
22. 火炬姜 *Etlingera elatior* (Jack) R. M. Sm.	42
十三、凤梨科 Bromeliaceae	43
23. 水塔花 *Billbergia pyramidalis* (Sims) Lindl.	43
十四、豆科 Fabaceae	44
24. 海红豆 *Adenanthera microsperma* Teijsmann & Binnendijk	44
25. 蔓花生 *Arachis duranensis* Krapov. & W. C. Greg.	45
26. 红花羊蹄甲 *Bauhinia blakeana* Dunn	46
27. 洋金凤 *Caesalpinia pulcherrima* (L.) Sw.	47
28. 朱缨花 *Calliandra haematocephala* Hassk.	48
29. 蝶豆 *Clitoria ternatea* L.	49
30. 鸡冠刺桐 *Erythrina crista-galli* L.	50
31. 含羞草 *Mimosa pudica* L.	51
32. 泰国无忧花 *Saraca thaipingensis* Cantley ex King	52

33. 酸豆 *Tamarindus indica* L. ……… 53

十五、葫芦科 Cucurbitaceae ……… 54

34. 金铃子 *Momordica charantia* Linn. ……… 54

十六、酢浆草科 Oxalidaceae ……… 55

35. 阳桃 *Averrhoa carambola* L. ……… 55

十七、西番莲科 Passifloraceae ……… 56

36. 鸡蛋果 *Passiflora edulis* Sims ……… 56

37. 红花西番莲 *Passiflora miniata* Vanderpl. ……… 57

38. 大果西番莲 *Passiflora quadrangularis* L. ……… 58

十八、大戟科 Euphorbiaceae ……… 59

39. 时钟花 *Turnera ulmifolia* L. ……… 59

40. 白雪木 *Euphorbia leucocephala* Lotsy ……… 60

41. 变叶珊瑚花 *Jatropha integerrima* Jacq. ……… 61

42. 佛肚树 *Jatropha podagrica* Hook. ……… 62

43. 山苦茶 *Mallotus peltatus* (Geiseler) Muller Argoviensis ……… 63

十九、千屈菜科 Lythraceae ……… 64

44. 散沫花 *Lawsonia inermis* L. ……… 64

45. 紫薇 *Lagerstroemia indica* L. ……… 65

二十、桃金娘科 Myrtaceae ……… 66

46. 大果番樱桃 *Eugenia stipitata* McVaugh ……… 66

二十一、野牡丹科 Melastomataceae ……… 67

47. 巴西野牡丹 *Tibouchina semidecandra* (Mart. et Schrank ex DC.) Cogn. ……… 67

二十二、无患子科 Sapindaceae ……… 68

48. 龙眼 *Dimocarpus longan* Lour. ……… 68

49. 复羽叶栾 *Koelreuteria bipinnata* Franch. ……… 69

二十三、芸香科 Rutaceae ……… 70

50. 九里香 *Murraya exotica* L. Mant. ……… 70

二十四、楝科 Meliaceae ……… 71

51. 麻楝 *Chukrasia tabularis* A. Juss. ……… 71

二十五、锦葵科 Malvaceae ……… 72

52. 美丽异木棉 *Ceiba speciosa* (A.St.-Hil.) Ravenna ……… 72

53. 朱槿 *Hibiscus rosa-sinensis* L. ……… 73

54. 黄槿 *Talipariti tiliaceum* (L.) Fryxell. ……… 74

55. 可可 *Theobroma cacao* L. ……75

二十六、番木瓜科 Caricaceae ……76
56. 番木瓜 *Carica papaya* L. ……76

二十七、檀香科 Santalaceae ……77
57. 檀香 *Santalum album* L. ……77

二十八、紫茉莉科 Nyctaginaceae ……78
58. 叶子花 *Bougainvillea spectabilis* Willd. ……78

二十九、马齿苋科 Portulacaceae ……79
59. 环翅马齿苋 *Portulaca umbraticola* Kunth ……79
60. 马齿苋 *Portulaca oleracea* L. ……80

三十、仙人掌科 Cactaceae ……81
61. 量天尺 *Hylocereus undatus* (Haw.) Britt. et Rose ……81
62. 大叶木麒麟 *Pereskia grandifolia* Haw. ……82

三十一、山榄科 Sapotaceae ……83
63. 星苹果 *Chrysophyllum cainito* L. ……83
64. 蛋黄果 *Pouteria campechiana* (Kunth) Baehni ……84
65. 神秘果 *Synsepalum dulcificum* Daniell ……85

三十二、山茶科 Theaceae ……86
66. 杜鹃叶山茶 *Camellia azalea* C. F. Wei ……86
67. 茶梅 *Camellia sasanqua* Thunb. ……87

三十三、茜草科 Rubiaceae ……88
68. 中粒咖啡 *Coffea canephora* Pierre ex Froehn. ……88
69. 白蟾 *Gardenia jasminoides* var. *fortuneana* (Lindley) H. Hara ……89
70. 龙船花 *Ixora chinensis* Lam. ……90
71. 海滨木巴戟 *Morinda citrifolia* L. ……91
72. 玉叶金花 *Mussaenda pubescens* W. T. Aiton ……92
73. 红纸扇 *Mussaenda erythrophylla* Schumach. et Thom. ……93

三十四、夹竹桃科 Apocynaceae ……94
74. 长春花 *Catharanthus roseus* (L.) G. Don ……94
75. 鸡蛋花 *Plumeria rubra* L. ……95

三十五、旋花科 Convolvulaceae ……96
76. 三裂叶薯 *Ipomoea triloba* L. ……96

三十六、茄科 Solanaceae ……97
77. 鸳鸯茉莉 *Brunfelsia brasiliensis* (Spreng.) L. B. Sm. & Downs ……97

78. 紫花重瓣曼陀罗 *Datura metel* 'Fastuosa' ………………………………… 98
79. 大花茄 *Solanum wrightii* Bentham ……………………………………… 99

三十七、车前科 Plantaginaceae ……………………………………………… 100
80. 爆仗竹 *Russelia equisetiformis* Schltdl. & Cham. ……………………… 100

三十八、母草科 Linderniaceae ……………………………………………… 101
81. 蓝猪耳 *Torenia fournieri* Linden. ex Fourn. ……………………………… 101

三十九、爵床科 Acanthaceae ………………………………………………… 102
82. 赤苞花 *Megaskepasma erythrochlamys* Lindau ………………………… 102
83. 金苞花 *Pachystachys lutea* Nees ………………………………………… 103
84. 紫云杜鹃 *Pseuderanthemum laxiflorum* (Vahl) B. Hansen …………… 104
85. 火焰芦莉 *Ruellia chartacea* (T. Anderson) Wassh. …………………… 105
86. 大花芦莉 *Ruellia elegans* Poir. …………………………………………… 106
87. 蓝花草 *Ruellia simplex* C. Wright ……………………………………… 107
88. 糯米香 *Strobilanthes tonkinensis* Lindau ……………………………… 108
89. 直立山牵牛 *Thunbergia erecta* (Benth.) T. Anders …………………… 109
90. 山牵牛 *Thunbergia grandiflora* (Rottl. ex Willd.) Roxb. ……………… 110

四十、紫葳科 Bignoniaceae ………………………………………………… 111
91. 食用蜡烛树 *Parmentiera aculeata* (Kunth) Seem. ……………………… 111
92. 火焰树 *Spathodea campanulata* Beauv. ………………………………… 112
93. 黄钟花 *Tecoma stans* (L.) Juss. ex Kunth ……………………………… 113

四十一、马鞭草科 Verbenaceae …………………………………………… 114
94. 假连翘 *Duranta erecta* L. ………………………………………………… 114

四十二、唇形科 Lamiaceae ………………………………………………… 115
95. 赪桐 *Clerodendrum japonicum* (Thunb.) Sweet ………………………… 115
96. 烟火树 *Clerodendrum quadriloculare* (Blanco) Merr. ………………… 116
97. 红萼龙吐珠 *Clerodendrum speciosum* W. Bull ………………………… 117
98. 罗勒 *Ocimum basilicum* L. ……………………………………………… 118

四十三、菊科 Asteraceae …………………………………………………… 119
99. 白花鬼针草 *Bidens pilosa* L. ……………………………………………… 119
100. 三裂叶蟛蜞菊 *Sphagneticola trilobata* (Linnaeus) Pruski …………… 120

参考文献 ……………………………………………………………………… 121

第一章

兴隆热带植物园 概况

第一章　兴隆热带植物园概况

兴隆热带植物园由中国热带农业科学院香料饮料研究所开发建设，创建于1957年，1997年正式对外开放，是海南省最早对社会开放的热带植物园，是国家AAAA级旅游景区和全国五星级休闲农业园区。

兴隆热带植物园大门

 建设单位基本情况

中国热带农业科学院香料饮料研究所（以下简称香饮所）隶属农业农村部中国热带农业科学院，为副局级公益性农业科研事业单位，创建于1957年，原名为"华南热带作物科学研究院兴隆试验站"；1993年更名为"华南热带作物科学研究院热带香料饮料作物研究所"；2002年更名为"中国热带农业科学院香料饮料研究所"。

香饮所是我国唯一从事热带香辛饮料作物应用基础研究、应用研究和重大关键技术研究的公益性农业科研机构，其承担的主要职责包括：热带香辛饮料特色作物（植物）

应用基础研究、应用研究和重大关键技术研究；热带香辛饮料作物、功能型热带植物、典型热带水果等名优、特、新、稀作物（植物）种质资源收集保存与创新利用；科技成果转化及技术集成、示范与推广；热带香辛饮料等特色作物重要病、虫、草、鼠害预防与控制研究；热带农业循环经济研究、观光农业开发与科普教育等。香饮所拥有国家重要热带作物工程技术研究中心、国家热带香料饮料作物种质资源圃、农业农村部万宁胡椒种质资源圃、国家热带植物种质资源库香料饮料种质资源分库、国家热带植物种质资源库木本粮食种质资源分库、农业农村部香辛饮料作物遗传资源利用重点实验室、海南省热带香辛饮料作物遗传改良与品质调控重点实验室、海南省特色热带作物适宜性加工与品质控制重点实验室、海南省热带香料饮料作物工程技术研究中心、中国热带科学院哥斯达黎加热带饮料作物种质资源保护利用实验室、海南省院士工作站、海南省院士团队创新中心、海南省热带香料饮料作物"海智计划"工作站、"候鸟"人才工作站、海南省农业科技110香料饮料专业服务站等国家级与省部级平台25个。

建所以来，已取得科研成果200多项，其中，获国家级、省部级成果奖励52项；制定技术标准71项；发表论文1 000余篇、出版专著64部；研制出特色热带香料饮料作物产品十大系列120多个品种，获授权发明专利98件、实用新型专利22件。采用"科研院所＋农户""科研院所＋公司＋农户"等模式，向热区推广应用热带香料饮料作物种植与加工技术成果，已建立生产技术指导点、示范基地30余个，成果转化率90%以上，社会经济效益显著，获农业农村部科技成果转化奖一等奖、二等奖，起到良好的示范、辐射与带动作用，为我国热带香料饮料作物产业持续发展提供强有力的科技支撑。

经多年研究探索，香饮所建立了"科学研究、产品开发、科普示范"三位一体的发展模式和"以所为家，团结协作，艰苦奋斗，勇攀高峰"的单位文化。

二 园区自然环境

兴隆热带植物园位于海南省东南部兴隆华侨旅游经济区（北纬18°15′，东经110°13′），距海口市163 km，距三亚市97 km，这里东临南海、三面环山，日照充足、长夏无冬，湿度大、雨量充沛而均匀，适宜于各种热带、亚热带植物的生长发育。

1. 地貌与土壤特征

兴隆热带植物园位于海南岛中热带雨林、季雨林砖红壤地带，地貌结构在海南岛区划上属台阶地平原地貌，在万宁市区划上属台地地貌，平均海拔36 m，地形略由北向南倾斜，中高周低，呈环状结构，园内既有平地又有起伏的坡地。土地类型属台地土地，土壤母质主要为母岩和花岗岩，土壤类型为黄色砖红壤，土壤表土层深厚，有机质含量为 2.0%~2.2%，pH 值为 5.9 左右，是保存和收集热带植物的理想摇篮。

2. 气候特征

兴隆热带植物园受强烈的热带海洋气候影响，属于热带季风气候，具有典型热带特征，光照充足，热量丰富，光合潜力大，降水量充沛。年均气温 22.4℃，≥10℃年积温约 8 800℃，最冷月均温 >18℃，平均极端低温 8.0~9.0℃，年日照时数为 2 196 h，年均相对湿度为 85%，日照充足，自然植被发育迅速。

3. 水文特征

兴隆热带植物园水资源丰富，年降水量高达 2 131.4 mm，12 月至翌年 3 月为旱季，5—11 月为雨季，其中，8—11 月多台风雨，降水量占全年降水量的 48.7%。降水蒸发量 1 181.5 mm，相对湿度 85%。兴隆热带植物园位于太阳河中上游位置，其集雨面积为 592.51 km^2。

4. 植被概况

在兴隆周边保存有较好的低地雨林，主要以"青梅—蝴蝶树林"为主，青梅种群在万宁一直分布到石梅湾沙滩上，形成全球有特色的沙滩非地带性滨海丛林。"青梅—柄果木丛林"，亦称为"青皮林"，在"青梅—柄果木丛林"的最南端分布有中国独一无二的"水椰（*Nypa fruticans*）灌丛"，为红树林的特殊类型。园区主要为人工植被，现收集、保存香辛饮料植物、热带果树、热带经济林木、观赏植物、水生植物、濒危植物、沙生植物等植物资源共有 3 000 多种。

三 取得的荣誉

兴隆热带植物园自创建以来，先后获得国家 AAAA 级旅游景区、全国五星级休闲农业园区、全国中小学质量教育社会教育基地、全国中小学生研学实践教育基地、全国热带作物科普基地、科普中国共建基地、国家生态环境科普基地、全国科普教育基地、全国科学家精神教育基地、《全民科学素质行动计划纲要》实施工作先进集体和全国科普工作先进集体等 10 多项国家级科普基地称号及荣誉。

1997 年对社会开放以来，兴隆热带植物园年均接待社会公众约 60 万人次，目前已发展成为国内一家专业从事热带香料饮料作物产业化配套技术研究的综合性科研机构，一座集科研、科普、生产、加工、观光和种质资源保护为一体的综合性热带植物园。

兴隆热带植物园

面包果　　　　　　　　　　　　　　依兰

胡椒

香草兰

咖啡

诺丽果

可可

苦丁茶

菠萝蜜　　　　　　　　　　　斑斓叶

特色花卉

第一章 兴隆热带植物园概况

特色科技产品

综合性热带植物园展示

第二章 孢粉学及花粉形态

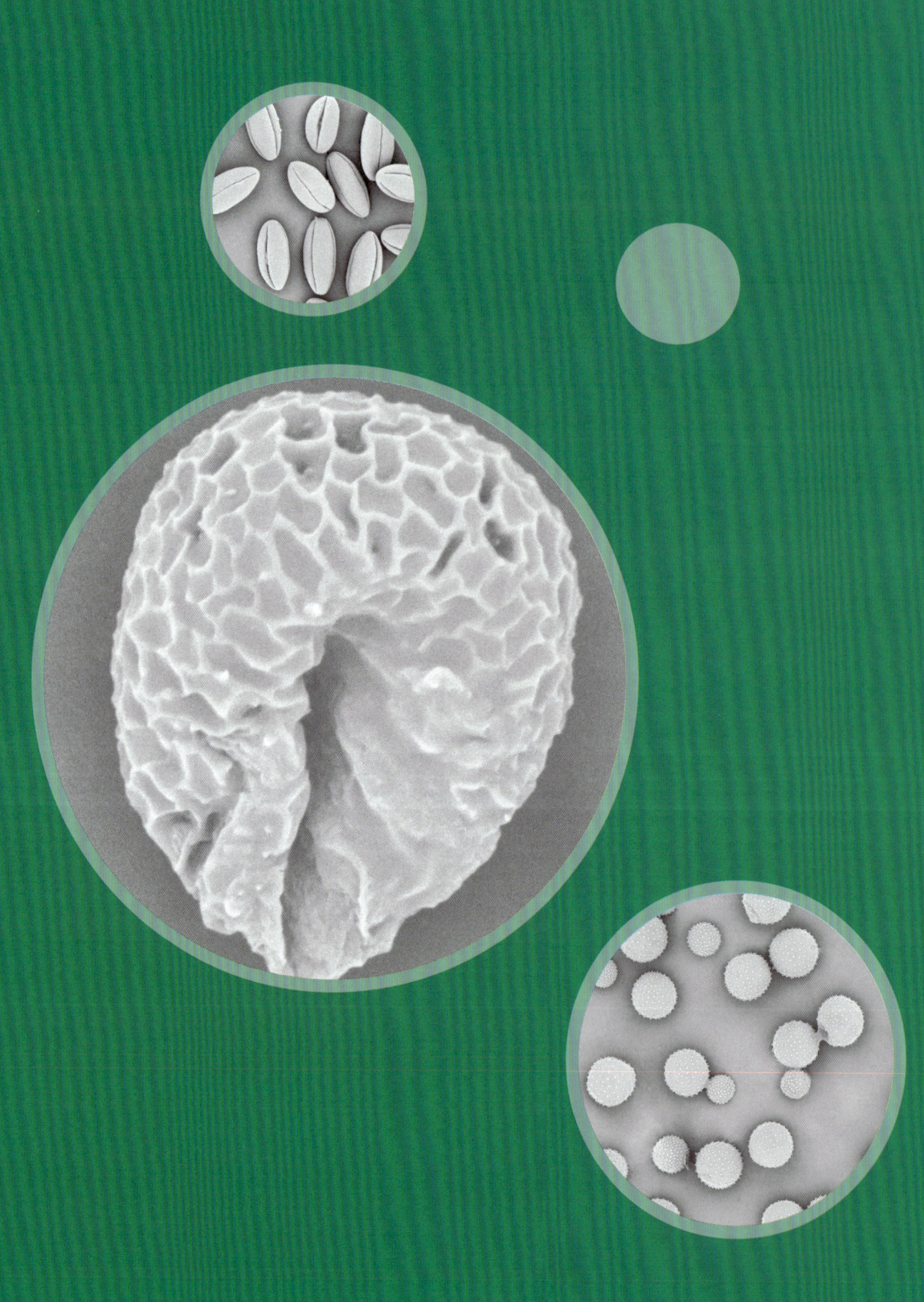

第二章　孢粉学及花粉形态

一　孢粉学

孢粉学是研究孢粉型，即孢粉制备过程中发现的所有实体（如花粉、孢子、囊孢、硅藻）的学科。孢粉型中占主要地位的是花粉粒。"孢粉学"一词由 Hyde 和 Williams 在 1955 年创造。它由希腊动词 Paluno（意为散布或散播）、Palunein（意为散布或散播），以及希腊名词 Pale（意为灰尘、细粉末，接近拉丁语单词"花粉"）、logos（意为单词、语音）组合而成。

相传，古时亚述人已经知道授粉的基本原理（他们给枣椰进行过人工授粉），但他们是否已经认识到花粉的本质，目前尚不清楚。16 世纪末，第一台显微镜的发明，特别是复式显微镜的出现，标志着一个迷人的新纪元开始了。继 1590 年 J. Janssen 和 Z. Janssen 发明单式显微镜后，Hooke 在 1665 年研制出世界上第一台复式显微镜，为花粉形态学研究作出了重要贡献。Malpighi 于 1675 年在其著作《植物解剖学》(*Anatomia Plantarum*) 中首次描述了花粉粒具有萌发沟，而 Grew 于 1682 年在其著作《植物解剖学》(*The Anatomy of Plants*) 中指出花粉性状在种内具有稳定性。他们两人被视为花粉形态学的奠基人。此后，Camerarius 在 1694 年描述过几个授粉试验，并在写给 Valentini 的关于植物性别的信件中，与对方交流了试验结果。他指出，雄性"种子粉尘"是种子发育所必需的。

18 世纪至 19 世纪初，研究者在花粉研究方面以及对授粉的认识上取得了相当大的进展，1750 年，VonLinné 在世界上最先使用"花粉"一词。19 世纪上半叶，人们在花粉形态学和生理学方面取得了进一步的认识。1830 年，Purkinje 首次尝试使用孢粉学术语，并基于花粉形态进行了花粉分类。

古孢粉学创建于 19 世纪末。1884 年，Reinsch 首次报道了俄罗斯煤炭中化石花粉和孢子的显微照片，并描述了用浓氢氧化钾 (KOH) 和氢氟酸 (HF) 从煤样中提取孢粉的方法。1916 年，Von Post 发表了首个木本植物花粉谱。

地层孢粉学兴起于 20 世纪 50 年代前夕，20 世纪下半叶，地层孢粉学在石油勘探中发挥了突出作用。孢子／花粉壁具有抗性极强的天然生物聚合物——孢粉素，故能

电镜下的热带植物花粉

够在沉积岩中大量保存下来。这一点决定了孢粉学在地层学中的价值。

20世纪初期至60年代，前人主要通过娴熟运用光学显微镜来开展孢粉学的研究，其间出现了许多新的技术方法。如明暗分析是一种通过光学显微技术分析外壁组织模式的方法。在这一时期，孢粉学的内容也变得更加多样化，并衍生出空气孢粉学、粪便孢粉学、冰层孢粉学、司法孢粉学、致敏孢粉学、蜂蜜孢粉学和孢粉分类学等学科，同时还涉及生物地层学、考古学、古气候学等其他领域。

电子显微技术及其最重要的两种仪器设备（透射电镜和扫描电镜）促进了孢粉学研究的重大突破。透射电镜的应用使得在花粉壁发育和分层方面有了新的惊人发现。这也促使科学家提出新的描述方法、创造新的术语。

超高分辨率的光学显微镜和两种主要类型的电子显微镜形成了成像技术的优秀组合；虽然光学显微镜在形态和结构特征观察方面受到限制，但仍然是孢粉学的主要研究设备；扫描电镜是观察外壁结构和纹饰的必要设备；透射电镜在阐明外壁形成和发育的复杂进程等方面发挥着重要作用。进入20世纪，尤其是20世纪下半叶，光学显微镜和电子显微镜技术的融合，使孢粉学研究达到了鼎盛时期。

在我国，早在6世纪出版的《齐民要术》一书曾记载："既放勃，拔去雄。若未放勃去雄者，则不成子实。"可见，我们的祖先对于雌雄异株植物传粉与结实的直接联系，已有确切的认识。

特定类群花粉壁是如何产生和演化的，是孢粉学的主要研究方向之一。花粉可以为植物系统学研究提供重要的系统发育证据。孢粉学是今天许多应用科学研究不可或缺的工具，也是科学研究中一个独立的基础领域。

二 花粉形态

1. 花粉的类别

成熟的花粉可以分为单粒花粉和复合花粉两种类型。

（1）单粒花粉：花粉粒在成熟时单独存在的，称为单粒花粉，大多数植物的花粉属于这一类型。

（2）复合花粉：两个以上花粉粒集合在一起的，称为复合花粉。以组成花粉粒的数目不同，形成2合花粉、4合花粉、16合花粉、32合花粉等。其中，2合花粉仅见于冰沼草属（*Scheuchzeria*），其他类型的复合花粉在含羞草亚科（Mimosoideae）中都可遇到。

此外，许多花粉粒集合在一起，形成花粉块，如兰科、萝藦科的花粉。

2. 花粉粒的对称性和极性

大多数花粉粒是对称的，极少数的花粉粒是不对称的。有两种不同的对称性，即辐射对称和左右对称。前者具有两个以上的纵对称平面，或者只具两个这样的平面时，总是具有等长的赤道轴；左右对称的花粉具有两个纵对称平面但与辐射花粉不同，赤道轴不是等长的。

花粉的极性决定于花粉在四分体中所处的位置。花粉母细胞经过减数分裂，产生四分体，分离后形成四粒花粉。由四分体中心的一点通过花粉粒中央向外延伸的线为花粉的极轴（Polar axis）。花粉粒向四分体中心的一端为近极［Proximal（＝Dorsal，Wodehouse）］，向外的一端为远极［Distal（＝Ventntral，Wodehouse）］。与极轴垂直的线为赤道轴（Equatorial axis）。在有的花粉粒上不能辨别出极性，称为无极（Apolar）。在大多数情形下花粉粒具有明显的极性，根据萌发孔等的排列和形态可以在单花粉粒上识别它们的极面和赤道面位置。

在具有极性的花粉粒中，可分为等极（Isopolar）、亚等极（Subisopolar）和异极（HeTeropolar）3个花粉类型。在等极花粉粒上，近极面和远极面是相同的，如蔷薇科、十字花科等；在异极花粉粒上，近极面和远极面不同，如无患子科倒地铃属；在亚等极花粉中，近极面和远极面稍有不同。

3. 萌发孔（Aperture）

花粉粒可分为两个类型：①无萌发孔［Nonaperturate（＝Inaperturate，Faegri及Iversen）］，在花粉粒上不具萌发孔；②具萌发孔（Aperturate），大多数花粉粒属于这一类型。萌发孔是指花粉外壁上形成的较薄区域，通常是花粉萌发时花粉管伸出来的开口。萌发孔的形状、结构、位置、数目及大小往往因科属不同而有很大变异。

萌发孔一般分为两种类型：①沟（Colpus）是长萌发孔，其长轴为短轴的2倍以上；②孔（Porus）是短萌发孔，其长轴为短轴的2倍或更小，或者为圆形。由此可见，沟和孔的区分也是人为的。

就萌发孔的位置，可以有3种不同情况：①极面分布，萌发孔在远极面或近极面；②赤道分布，假若是沟，其长轴往往与赤道垂直；③球面分布的，萌发孔散布于整个花粉粒上。无论是沟或孔都有这几种不同的分布，因此，简称①为远极沟（Anacolpus）（如许多裸子植物及单子叶植物的具沟花粉）或远极孔（Anaporus）（如禾本科植物的花粉），或者近极孔（Catatreme）（仅在蕨类及苔藓植物的孢子中见到）；简称②为赤道沟或赤道孔，因为这是双子叶植物中的主要花粉类型，"赤道"可以不必特别标明，直接称为沟或孔；简称③为散沟（Pancolpi）（如马齿苋属 *Portulaca* 的花粉）或散孔（Panpori）（如藜科的花粉）。如果花粉的极性不能判明时，也可一律称为沟或孔。

在具复式萌发孔的花粉粒上，在沟的中央部分，往往具一圆形或椭圆形的内孔（Os），在这种情形下即称为具孔沟（Colporate）花粉，极少数花粉每个沟具两个内孔。有的内孔是长的，如果向平行于赤道方向伸长的，称为横长（Lalongate，来源于拉丁文 Latus + Elongatus），这样的内孔有时为沟状；如果内孔向垂直于赤道的方向伸长，称为纵长（Lolongate，来源于拉丁文 Longus + Elongatus）。

盖住沟或孔的外壁部分，称为沟膜或孔膜。如果膜与非萌发孔区的外壁厚度相同，即形成盖（Operculum）。

在有的植物花粉粒上，可以见到一个至数个螺旋形的萌发孔，称为螺旋形萌发孔（Spiraperturate），这可能是沟的一种变形，如谷精草属（*Eriocaulon*）的花粉。此外，还有一种萌发孔成为环状，称为环形萌发孔（Zonaperturate），如睡莲属（*Nymphaea*）的花粉。

有时沟的末端可以在极面上相连接，形成合沟（Syncolpate）。如果沟的末端在极面上先分枝，而以分枝相连接，因此在极部留下一个没有沟通过的区域，这种情形称为副合沟（Parasyncolpate），在桃金娘科（Myrtaceae）和玄参科马先蒿属（*Pedicularis*）某些种的花粉中可以见到。

此外，有的花粉粒上萌发孔不是典型的，孔、沟或孔沟不明显，可以在前面冠以"拟"字（-oid），如拟沟、拟孔等。

4. 外壁构造

花粉粒经过酸或碱处理以后，花粉内部的生活物质及柔软的内壁（Intine）都被溶解，留下来的只有花粉外壁（Exine）。花粉外壁通常又可分为外壁外层（Sexine）和外壁内层（Nexine）。外壁内层是同质的，没有什么结构，至少在一般光学显微镜下看不到细微的结构。1956年Afzelius在电子显微镜下的研究证明，有的花粉外壁内层的里面一层（底层）是有层次结构的。外壁外层主要的组成分子是鼓槌状的基柱（Pilum，头状有柄）。基柱可分为两部分，即头部（Caput）和柱状的棒（Baculum），着生于外壁内层，与花粉表面垂直。由于基柱或基柱的头部合并的情形不同，可以形成各种不同的图案，如基柱侧面连生时，可以组成条纹，也可形成网状脑纹状等图案。假如头部合并，形成具覆盖层（Tectate）的花粉，即在基柱上面形成一层，由于头部合并，不能分出个别的基柱头部，而棒却是分开的。1950年，Faegri 及 Ive-rsen 把花粉分成两个主要类型，即具覆盖层与不具覆盖层的类型。在实际上有时很难区别，1956年，Afzelius用电子显微镜研究花粉孢子外壁的亚显微结构，发现在同一颗花粉上，两种情形可以同时存在。

表面雕纹

花粉表面光滑或呈波浪形，在有的花粉上还具有各种雕纹分子，如小刺、瘤、颗粒等，形成各种各样的雕纹，花粉表面的各式雕纹可分为下面几种。

（1）颗粒状雕纹（Granulate）：花粉表面具颗粒，颗粒的大小可以有变化。

（2）瘤状雕纹（VerrucaTe）：圆头状突起，最大宽度大于高度。

（3）条纹状雕纹（Striate）：雕纹成为相互平行的条纹，由基柱或基柱头部侧面联结所形成。

（4）棒状雕纹（Baculate）：雕纹分子圆头，高度大于最大宽度。

（5）刺状雕纹（Echinate，Spinulate）：具刺或小刺，末端尖或钝，但基部的宽度比末端的宽度大得多。

（6）脑纹状雕纹（Cerebroid）：雕纹形成弯曲的线条，如脑皱状。

（7）穴状雕纹（Foveolate）：花粉表面具凹进的穴。

（8）网状雕纹（Reticulate）：基柱联结形成各种大小网状雕纹。网由网脊（Muri）及网眼（Lumina）组成，网眼及包围着它的一半网脊形成一个网胞（Brochus）。网脊有宽窄，网眼的大小、形状也有很大变化。

（9）负网状雕纹（Areolate）：相当于网脊的部分凹进，相当于网眼的部分凸出。

在光学显微镜下，花粉表面雕纹分子所形成的图案称为雕纹（Sculpture），覆盖层下柱状分子所形成的图案称为肌理（Textere），在表面雕纹或肌理不能区别时一律称为纹理。

明暗分析或明暗图案

外壁外层在显微镜不同焦点可显现出不一样的图案，即称为明暗图案（LO-pattern）。在焦点提高时，小刺看起来是小白点，当焦点下降时，小白点就变成黑点。由于外壁外层的复杂结构，有时因焦点上下不同而显现出来的明暗图案非常复杂，很难描述，这种明暗图案对于花粉的鉴定有一定的帮助，不过在有的花粉上不一定看得清楚。在花粉照相及绘图中，有时附有明暗图案，在不同的焦点（一般是上及下，少数情形是上中下 3 处）用照相或绘图来表示，可供花粉鉴定时的参考。

5. 花粉的形状和大小

花粉的立体形状，必须在显微镜下使花粉在甘油中"打滚"，才能看得最清楚。有了一定经验以后，观察处于不同位置的花粉粒及不同焦点（在高倍镜下）的形状，可以得出花粉立体的形态。由于花粉的形状可因制片方法的不同而有相当大的差异，划分成过细的等级是不切合实际的。下表是本书所用的形状的类别。

表　花粉形状类别

形状	极轴：赤道轴	比值
超长球形	＞8：4	＞2.00
长球形	（8：7）~（8：4）	2.00 ~ 1.14
近球形	（7：8）~（8：7）	1.14 ~ 0.88
扁球形	（4：8）~（7：8）	0.88 ~ 0.50
超扁球形	＜4：8	＜0.50

近球形的花粉，极轴与赤道轴相等或所差很小时，可称为球形或圆球形。

在显微镜下观察时，往往见到花粉粒处于极面或赤道面或斜的位置，分别描述极面观或赤道面观的轮廓有时也是必要的。极面观可分为：①圆形；② 3,4,5- 多角形或钝 3,4,5- 多角形；③ 3,4,5- 多裂片状。赤道面观可分为：①圆形；②宽椭圆形（极轴短于赤道轴）；③窄椭圆形（极轴长于赤道轴）。

花粉的大小变化幅度很大，最小的花粉粒，其最大直径小于 10 μm，最大的花粉粒直径在 200 μm 以上，将花粉大小分成各种等级似乎是没有必要的。

6. 花粉大小的测量

一般的花粉分别测量极轴和赤道轴；如果有两个不同的赤道轴，则分别测量两个赤道轴及极轴；如果是近球形的花粉，只测量其直径。每次测量，以 20 个花粉为标准，并求得平均数，如果不足 20 个或多于 20 个的，则在括号内注明。测量所用的材料（除非特别注明）都是经过醋酸酐分解的花粉，因此所得数字比没有分解过的花粉或用其他方法处理过的花粉要大一些。一般的测量工作在 40 倍的物镜下进行。数字一般取一位小数，由计算得出，因为一般测微尺的精确度无法达到 1 μm 以下。至于外壁厚度或孔的直径等用精密测微尺测量。

第三章

热带植物花粉种类详述

第三章 热带植物花粉种类详述

一 胡椒科 Piperaceae

1. 胡椒
Piper nigrum L.

别名：古月、白川。

植株特征：木质攀缘藤本。茎、枝无毛，节显著膨大，常生小根。叶厚，近革质，阔卵形至卵状长圆形，稀有近圆形；两面均无毛。花杂性，通常雌雄同株。浆果球形，无柄，成熟时红色，未成熟时干后变黑色。花期9—10月；翌年果期5—7月。

花粉形态特征：花粉粒呈船形，极轴长（13.70±0.52）μm，赤道轴长（6.58±0.39）μm，极轴长/赤道轴长（P/E）为2.08。赤道面观呈梭形，极面观呈椭圆形。花粉内折，具1远极沟，沟长达两极。外壁表面具穿孔纹饰，微网状不规则。

生境与分布：通常生长在河岸和池塘边缘或沼泽。原产于东南亚，现广泛种植于热带地区。我国海南、广东和云南有种植。

二 马兜铃科 Aristolochiaceae

2. 巨花马兜铃
Aristolochia gigantea Mart. et Zucc.

别名：鹈鹕花。

植株特征：常绿性大型木质藤本植物。老茎粗糙具棱，嫩茎枝光滑无毛。叶互生，卵状心形全缘，顶端短锐尖，基部心形，具叶柄。单花腋生，布满紫褐色斑点或条纹。花期6—11月；果期未见。

花粉形态特征：花粉粒呈近球形，极轴长（38.27±2.12）μm，赤道轴长（26.5±0.1）μm，P/E 为 1.09。赤道面观与极面观均呈近圆形。外壁表面具疣状纹饰，形状、大小不规则。

生境与分布：喜温暖湿润环境，不耐寒；喜光稍耐阴。原产于巴西。我国广东、云南和海南等地有栽培。

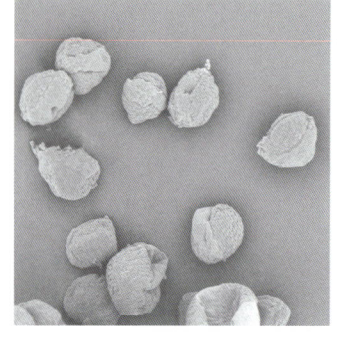 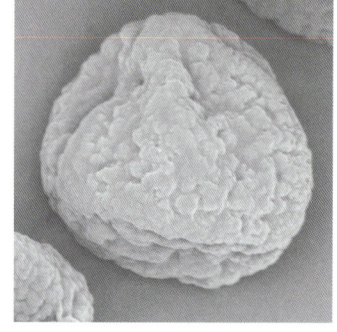 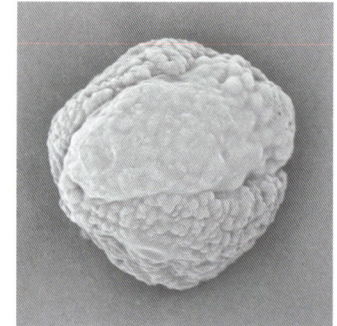

3. 美丽马兜铃
Aristolochia littoralis D. Parodi

别名： 烟斗花藤。

植株特征： 藤本植物，全株无毛。老茎纵裂，深褐色。单叶互生，叶片广心脏形，全缘，纸质；腹面绿色，背面灰绿色。花单生于叶腋，花柄下垂，先端着花1朵；花被合生，呈喇叭状；有紫褐色脉纹；花被基部膨大，上部扩大成喇叭形，黄绿色。蒴果长圆柱形，开花时发出浓烈臭味。花期5—9月；果期6—10月。

花粉形态特征： 花粉粒呈超长球形，极轴长（39.9±0.3）μm，赤道轴长（18.30±0.36）μm，P/E 为2.18。极面观呈近圆形，赤道面观呈椭圆形。具3沟，沟窄长，边缘整齐，两端近两极。外壁表面具蠕虫状雕纹，纹路浅。

生境与分布： 通常生长在山谷、溪涧及山坡灌木丛中。我国海南、广东和云南有栽培。

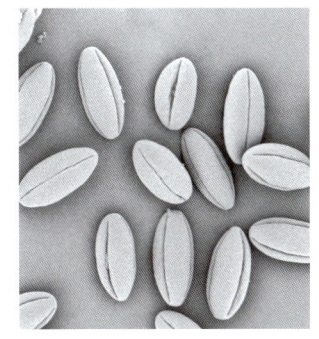

三 肉豆蔻科 Myristicaceae

4. 肉豆蔻
Myristica fragrans Houtt.

别名：玉果、肉果、豆蔻。

植株特征：小乔木。叶椭圆形或椭圆状披针形，先端短渐尖，基部宽楔形或近圆形；侧脉 6~10 对。雄花序总状，具 4~8 朵花或多花，下垂；花被片 3(4) 枚，密被灰褐色绒毛；雌花序较雄花序长。果序具果 1~2 枚；果梨形，黄色或橙黄色，具柄，有时具残存花被片。假种皮红色，不规则撕裂；种子卵圆形。花期 11 月至翌年 2 月；果期 12 月至翌年 4 月。

花粉形态特征：花粉粒呈不规则船形，极轴长（43.23±1.03）μm，赤道轴长（24.37±2.49）μm，P/E 为 1.77。极面观呈三角形，赤道面观呈近椭圆形。具 1 远极沟。外壁可见覆盖层和混合柱状层结构，覆盖层具网状雕纹，网脊窄，部分网眼内可见不与覆盖层相连的游离基柱。

生境与分布：喜湿热环境。原产马鲁古群岛，热带地区广泛栽培。我国台湾、海南及云南引入试种。

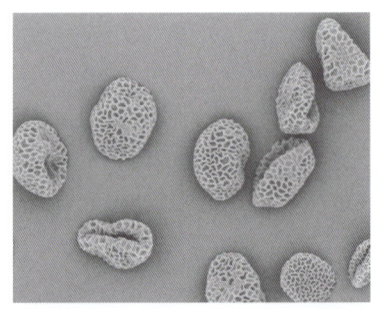
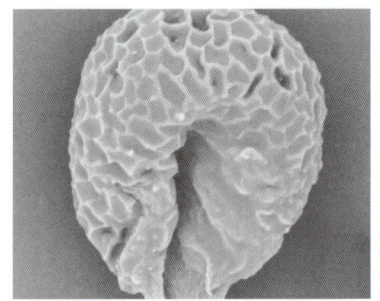
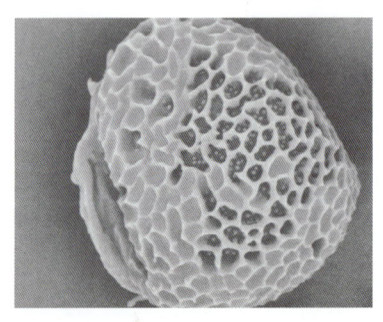

四 木兰科 Magnoliaceae

5. 白兰
Michelia × *alba* DC.

别名：白兰花、白缅花、白缅桂。

植株特征：常绿乔木，高可达 17 m；枝广展，呈阔伞形树冠。叶薄革质，长椭圆形或披针状椭圆形，先端长渐尖或尾状渐尖，基部楔形；腹面无毛，背面疏生微柔毛，干时两面网脉均很明显。花白色，极香；花被片 10 枚，披针形。形成蓇葖疏生的聚合果；蓇葖熟时鲜红色。花期 4—9 月；通常不结实。

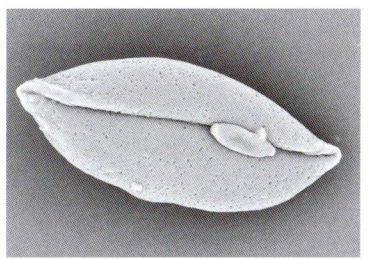

花粉形态特征：花粉粒呈船形，极轴长（37.20 ± 2.03）μm，赤道轴长（15.20 ± 0.78）μm，P/E 为 2.45。赤道面观呈梭形，极面观呈椭圆形。花粉内折，具 1 远极沟，沟长达两极。外壁表面具穿孔纹饰，微网状不规则。

生境与分布：性喜光照，怕高温，不耐寒。原产印度尼西亚爪哇岛，现广泛种植于东南亚。我国福建、广东、广西、云南等省区栽培极盛。

五 樟科 Lauraceae

6. 锡兰肉桂
Cinnamomum verum J. Presl

植株特征： 常绿小乔木，高达 10 m。树皮黑褐色，内皮有强烈的桂醛芳香气。幼枝略为四棱形，灰色而具白斑。叶通常对生，卵圆形或卵状披针形，腹面绿色，光亮，背面淡绿白色，两面无毛。圆锥花序腋生及顶生；花黄色，花被裂片 6 枚，长圆形。果卵球形，熟时黑色；果托杯状，增大，具齿裂，齿先端截形或锐尖。花果期 3—5 月。

花粉形态特征： 花粉粒呈球形，极轴长（28.87±0.68）μm，赤道轴长（28.70±0.96）μm，P/E 为 1.01。赤道面观与极面观均为圆形。外壁表面具清楚的短刺状雕纹。

生境与分布： 锡兰肉桂原产于斯里兰卡和印度西部海岸。我国广东、海南有引种栽培。

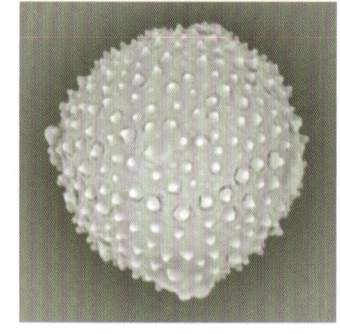
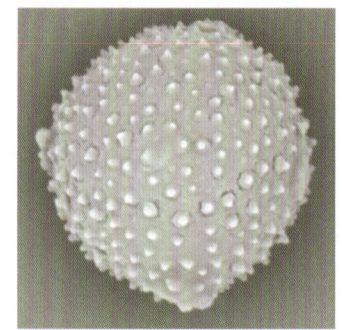

六 泽泻科 Alismataceae

7. 黄花蔺
Limnocharis flava (L.) Buch.

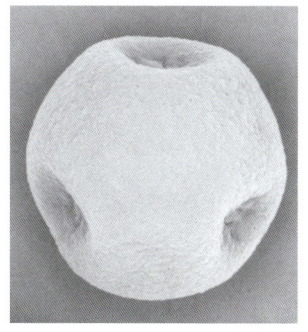

植株特征：水生草本。叶丛生，挺出水面；叶片卵形至近圆形；亮绿色，先端圆形或微凹，基部钝圆形或浅心形，背面近顶部具1个排水器；叶脉9~13条；叶柄粗壮，三棱形。花葶基部稍扁，上部三棱形；伞形花序有花2~15朵，有时具叶2枚；苞片绿色，圆形至宽椭圆形；内轮花瓣状花被片淡黄色；花丝绿色。种子多数，褐色或暗褐色，马蹄形，具多条横生薄翅。花期3—4月。

花粉形态特征：花粉粒呈球形，极轴长（20.87±0.61）μm，赤道轴长（20.67±0.25）μm，P/E为1.01。赤道面观与极面观均为圆形。萌发区向内凹陷。

生境与分布：常成片生于沼泽地或浅水中。产于云南（西双版纳）和广东沿海岛屿，海南有栽培。

电镜下的热带植物花粉

七 兰科 Orchidaceae

8. 文心兰
Oncidium flexuosum Lodd.

别名：舞女兰。

植株特征：草本植物，假鳞茎扁卵圆形，根状茎粗壮，绿色。顶生1~3枚叶，椭圆状披针形。总状花序，腋生于假鳞茎基部，花朵唇瓣为黄色、白色或褐红色，花大小变化较大，部分种类具芳香。种子小，红褐色。花期为1~2个月。

花粉形态特征：花粉粒呈船形，极轴长（68.63±1.53）μm，赤道轴长（29.53±0.86）μm，P/E为2.32。赤道面观呈梭形，极面观呈椭圆形。花粉内折，具1远极沟，沟长达两极。外壁表面具穿孔网状纹饰，形状、大小不规则。

生境与分布：原产于巴西、秘鲁、墨西哥等热带地区。分布于巴西、美国、哥伦比亚、厄瓜多尔及秘鲁等国家。我国海南有栽培。

9. 香荚兰
Vanilla planifolia Andrews

别名： 香草兰、墨西哥香荚兰。

植株特征： 藤本，根系浅。茎浓绿色，圆柱形。叶互生，近无柄，肉质，浓绿色，叶片长圆形或宽披针形，平行叶脉不明显。花浅黄绿色。蒴果扁三角形，像豆荚，果面有纵纹。花期3—6月；果期5—8月。

花粉形态特征： 花粉粒呈圆形或蛋形；极轴长（19.07 ± 1.87）μm；赤道轴长（16.90 ± 1.99）μm，P/E 为 1.13。新鲜花粉赤道面观呈圆形，干燥花粉呈三凹圆形。外壁表面呈现不规则颗粒状。

生境与分布： 喜温暖湿润、降水量充沛的气候环境。香荚兰原产于墨西哥。我国海南有引种栽培。

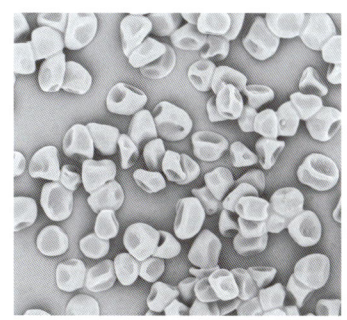

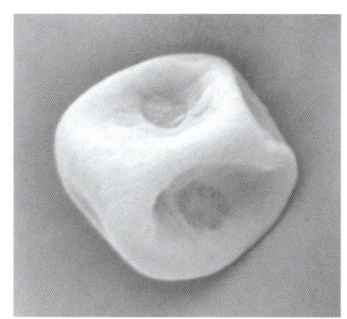

八　鸢尾科 Iridaceae

10. 巴西鸢尾
Neomarica gracilis (Herb.) Sprague

别名：马蝶花、鸢尾兰、玉蝴蝶。

植株特征：多年生草本植物。植物根茎短，叶从根茎处抽出，嵌叠状成扇形排列。叶剑形，革质，稍弯曲，深绿色，先端渐尖，基部鞘状。花茎扁平叶状，中肋显著突起；花从顶端鞘状苞片内开出；花被片6枚，外轮3枚白色外翻，基部有红褐色斑块，另3枚直立内卷，蓝紫色并有白色线条。花期3—8月。

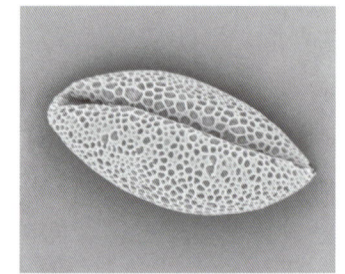

花粉形态特征：花粉粒呈船形，极轴长（77.00±1.25）μm，赤道轴长（33.70±2.69）μm，P/E为2.28。赤道面观呈梭形。花粉内折，具远极沟。外壁表面具清楚的网状雕纹，网眼不规则，形状和大小不一，网脊表面平滑连续。

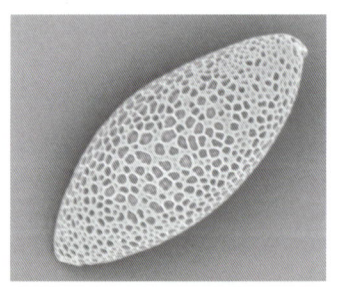

生境与分布：巴西鸢尾原产地最南分布到巴西。我国海南、云南有栽培。

九　石蒜科 Amaryllidaceae

11. 红花文殊兰
Crinum amabile Donn ex Ker Gawl.

别名： 美丽文殊兰、紫花文殊兰。

植株特征： 常绿草本植物，高可达 60~100 cm。叶片大，宽带形或箭形先端尖，基部抱茎。花葶自鳞茎中抽出，顶生伞形花序，每花序有小花 20 余朵，背面紫色，上面浅粉色，中间有较深紫色条纹。蒴果。几乎全年可以见花。

花粉形态特征： 花粉粒呈长球形，极轴长（80.10 ± 9.05）μm，赤道轴长（44.95 ± 1.20）μm，P/E 为 1.78。赤道面观呈椭圆形，极面观为近圆形。具内陷萌发沟，沟长达两极。外壁表面具清楚的刺状纹饰，形状、大小较规则。

生境与分布： 喜温暖及湿润环境，喜日光充足的环境。原产于苏门答腊。我国广西、贵州、云南和海南等省区有栽培。

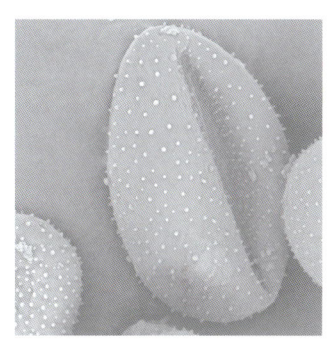

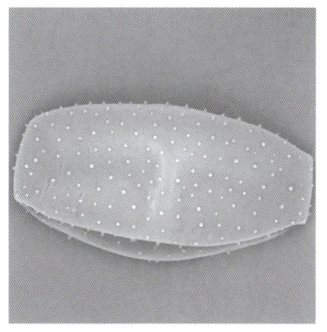

12. 文殊兰
Crinum asiaticum var. *sinicum* (Roxb. ex Herb.) Baker

别名： 文珠兰、罗裙带。

植株特征： 多年生粗壮草本。鳞茎长柱形。叶20~30枚，多列，带状披针形，长可达1 m，顶端渐尖，暗绿色。花茎直立，几乎与叶等长，伞形花序有花10~24朵，佛焰苞状总苞片披针形，膜质，小苞片狭线形；花高脚碟状，芳香；花被管纤细，伸直，绿白色，花被裂片线形。蒴果近球形。通常种子1枚。花期夏季。

花粉形态特征： 花粉粒呈超长球形，极轴长（84.63±3.78）μm，赤道轴长（37.23±0.93）μm，P/E为2.27。侧面观为圆形，左右对称，其中一边平直。具1远极沟。外壁具有刺状雕纹。

生境与分布： 生于海滨地区或河旁沙地。我国福建、广东、广西、台湾和海南有栽培。

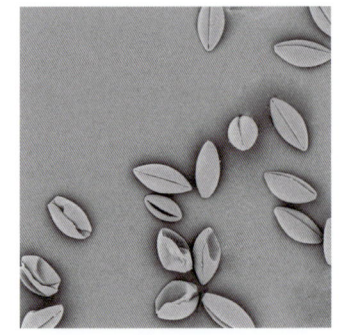

13. 南美水仙
Eucharis amazonica Linden

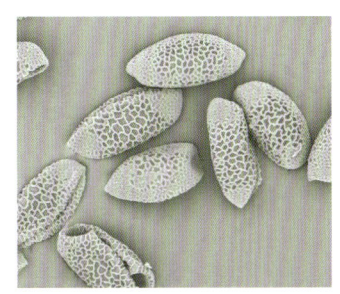

别名：亚马逊石蒜、亚马逊水仙、南美石蒜。

植株特征：多年生草本植物，株高约 80 cm。叶基生，椭圆形，浓绿色。花葶肉质；顶生伞形花序，着花 3~6 朵，花冠筒圆柱形，中央生有 1 个副花冠，花瓣开展呈星状；花为纯白色，具有芳香的味道。花期在冬春季节。

花粉形态特征：花粉粒呈超长球形，极轴长（91.33 ± 6.07）μm，赤道轴长（35.73 ± 4.50）μm，P/E 为 2.56。极面观呈近圆形，赤道面观呈椭圆形。具 1 远极沟，沟深，长达两极，萌发区内折。外壁表面具网状雕纹，网眼在两极区变小。

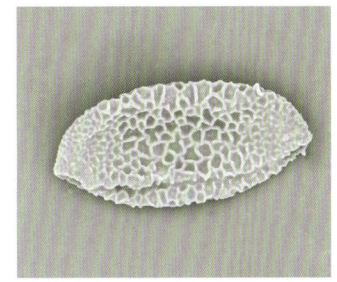

生境与分布：喜温暖及光照充足的环境。原产于哥伦比亚和秘鲁。我国广东、海南、云南和福建等省区有栽培。

14. 龙须石蒜
Eucrosia bicolor Ker Gawl.

别名：秘鲁百合。

植株特征：多年生草本植物。叶绿色，椭圆形到披针形，边缘稍波状；中脉大，肉质，淡绿色。伞形花序；花冠红色，披针形；花丝淡黄色。

花粉形态特征：花粉粒呈船形，极轴长（106.00±3.61）μm，赤道轴长（36.73±7.18）μm，P/E 为 2.89。极面观呈椭圆形或长椭圆形，赤道面观呈舟形或肾形。具远极单萌发沟，沟深，长达两极，萌发区内折。外壁表面具模糊疣状雕纹。

生境与分布：喜欢生长在阴凉的地方。原产秘鲁。我国海南、广东和云南有栽培。

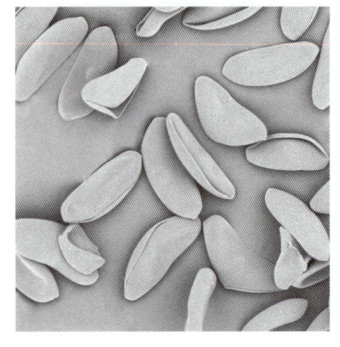 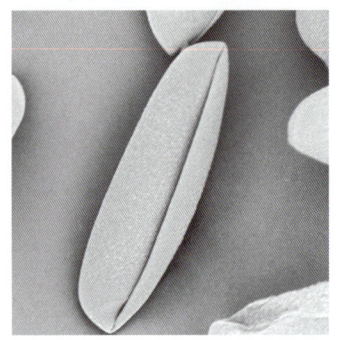 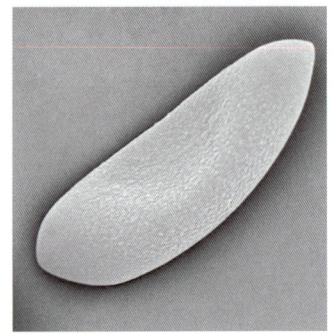

15. 水鬼蕉
Hymenocallis littoralis (Jacq.) Salisb.

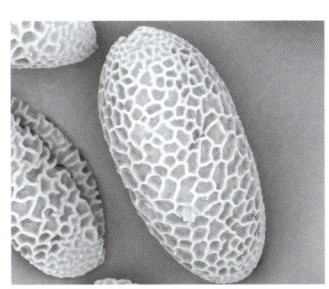

别名： 蜘蛛兰。

植株特征： 多年生草本。叶 10~12 枚，剑形；顶端急尖，基部渐狭，深绿色，多脉，无柄。花茎扁平；佛焰苞状总苞片长 5~8 cm，基部极阔；花茎顶端生花 3~8 朵，白色；花被裂片线形。花期夏末秋初。

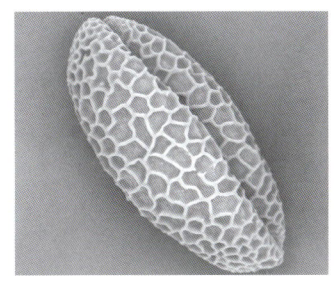

花粉形态特征： 花粉粒呈船形，极轴长（92.27±10.45）μm，赤道轴长（39.67±4.91）μm，P/E 为 2.33。极面观呈近圆形，赤道面观呈舟形或橄榄形。具远极单萌发沟，沟深，长达两极，萌发区内折。外壁表面具网状雕纹，网脊窄，网眼向极区减小。

生境与分布： 喜欢生长在河岸和池塘边缘。原产美洲热带地区。我国引种栽培供观赏。

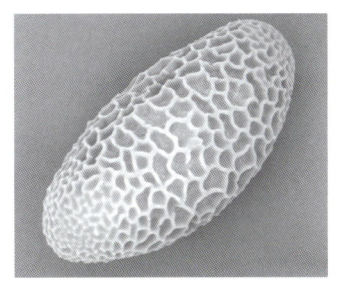

16. 韭莲
Zephyranthes carinata Herbert

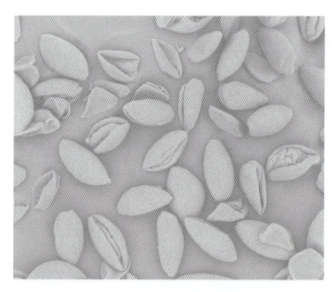

别名：红花葱兰、韭菜兰、风雨花。

植株特征：多年生草本。鳞茎卵球形。基生叶常数枚簇生，线形，扁平。花单生于花茎顶端，下有佛焰苞状总苞，总苞片常带淡紫红色，下部合生成管；花玫瑰红色或粉红色；花被裂片6枚，裂片倒卵形，顶端略尖。蒴果近球形。种子黑色。花期夏秋。

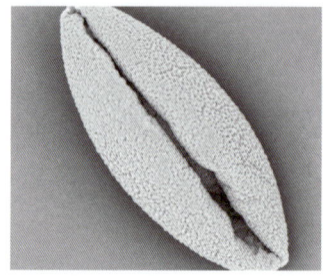

花粉形态特征：花粉粒内折，呈船形，极轴长（66.10±1.91）μm，赤道轴长（28.60±2.51）μm，P/E为2.31。赤道面观呈梭形，极面观呈椭圆形。花粉内折，具1远极沟，沟长达两极。外壁表面具网状纹饰，网眼形状不规则。

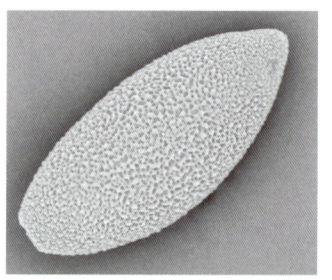

生境与分布：喜温暖、湿润、阳光充足的环境。原产墨西哥南部至危地马拉。我国南北各地庭园都引种栽培，贵州、广西、云南和海南常见逸生。

第三章 热带植物花粉种类详述

 芭蕉科 Musaceae

17. 千层蕉
Musa chiliocarpa Backer ex K. Heyne

别名：千指蕉。

植株特征：多年生常绿草本植物，高 3~5 m。开花的时候花序轴会一直向下延伸，已经授粉完成的花朵逐渐发育成果实，往往上部分的果实已经成熟，花序轴仍不断向下生长，几乎贴近地面。有记录果实有上千个；果实长 7~8 cm，无籽；成熟后果皮土黄色，可以食用。花果期常年。

花粉形态特征：花粉粒呈球形，极轴长（78.93±12.30）μm，赤道轴长（75.33±13.53）μm，P/E 为 1.05。极面观呈近圆形。赤道面观呈近圆形。无明显萌发孔。外壁表面具脑状或蠕虫状雕纹。

生境与分布：原产于印度尼西亚、马来西亚等东南亚地区。我国海南（兴隆）、云南（西双版纳）有引种栽种。

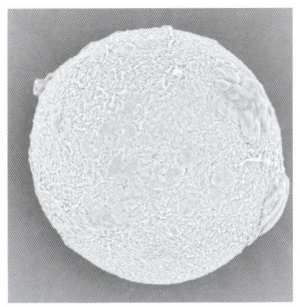
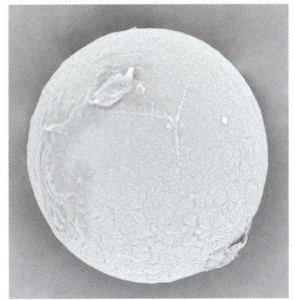

18. 红蕉
Musa coccinea Andr.

植株特征：假茎高 1~2 m。叶片长圆形，叶正面黄绿色，叶背面淡黄绿色，无白粉，基部显著不相等，浑圆而无耳。花序直立，序轴无毛，苞片外面鲜红而美丽，内面粉红色，皱折明显，每一苞片内有花1列，约6朵。浆果果身直，在序轴上斜向下垂，灰白色，无棱。果内种子极多。

花粉形态特征：花粉粒呈球形，极轴长（111.00 ± 1.73）μm，赤道轴长（110 ± 3）μm，P/E 为 1.01。赤道面观与极面观均为圆形。外壁表面光滑。

生境与分布：通常生长在沟谷及水分条件良好的山坡上。产于我国云南东南部地区（河口、金平一带）。我国广东、广西和海南常栽培。

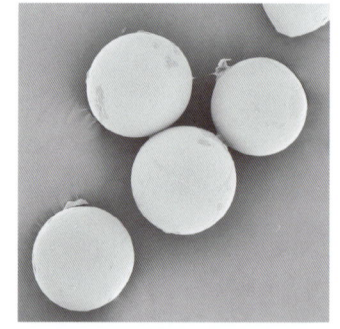

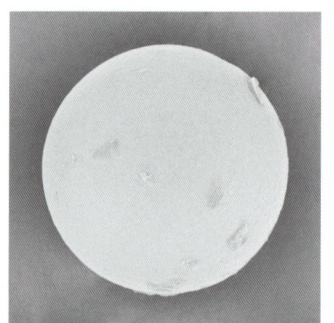

19. 朝天蕉
Musa velutina H. Wendl. et Drude

别名： 指天蕉、粉芭蕉。

植株特征： 木质攀缘藤本。茎、枝无毛，节显著膨大，常生小根。叶厚，近革质，阔卵形至卵状长圆形，稀有近圆形；两面均无毛。花杂性，通常雌雄同株。浆果球形，无柄，成熟时红色，未成熟时干后变黑色。花期6—10月。

花粉形态特征： 花粉粒呈球形，极轴长（92.00±6.46）μm，赤道轴长（87.30±2.14）μm，P/E为1.05。赤道面观与极面观均呈圆形。外壁表面有脊状突起，分布均匀，形状和大小不一。

生境与分布： 喜欢生长在阳光充足的环境中。原产于印度北部。我国广东、海南（兴隆）、云南（西双版纳）有栽培。

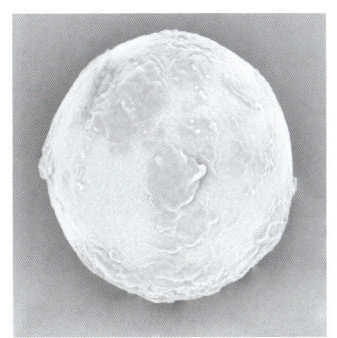

20. 地涌金莲
Musella lasiocarpa (Franch.) C. Y. Wu ex H. W. Li

别名：地涌金莲、地金莲、地母金莲。

植株特征：植株丛生，具水平向根状茎。假茎矮小，高不及 60 cm，基部有宿存的叶鞘。叶片长椭圆形，先端锐尖，基部近圆形，两侧对称，有白粉。花序直立，直接生于假茎上，密集如球穗状，有花 2 列，每列 4~5 朵花。浆果三棱状卵形，外面密被硬毛。果内具多数种子；种子大，扁球形；黑褐色或褐色，光滑，腹面有大而白的种脐。

花粉形态特征：花粉粒呈球形，极轴长（93.50 ± 3.36）μm，赤道轴长（93.67 ± 1.62）μm，P/E 为 1.0。赤道面观与极面观均呈圆形。外壁表面具疣状纹饰，或有少量脊状突起。

生境与分布：多生于山间坡地或栽于庭园内。原产于我国云南中部至西部地区，我国海南有栽培。

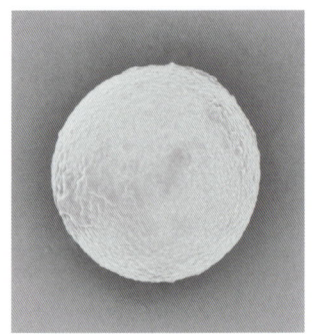

十一 美人蕉科 Cannaceae

21. 粉美人蕉
Canna glauca L.

别名： 水生美人蕉、粉叶美人蕉、粉色美人蕉。

植株特征： 根茎延长，株高 1.5~2.0 m。茎绿色。叶片披针形，顶端急尖，基部渐狭，绿色，被白粉，边绿白色，透明。总状花序疏花，单生或分叉，稍高出叶上；苞片圆形，褐色，花黄色，无斑点；萼片卵形，绿色；花冠裂片线状披针形，外轮退化雄蕊3枚，倒卵状长圆形。蒴果长圆形。常年开花。

花粉形态特征： 花粉粒呈球形，极轴长（61.03±0.70）μm，赤道轴长（61.40±0.85）μm，P/E 为 0.99。赤道面观与极面观均呈圆形。外壁表面具清楚的刺状纹饰，分布较均匀，形状、大小基本一致。

生境与分布： 原产于南美洲及西印度群岛。我国南北地区均有栽培。

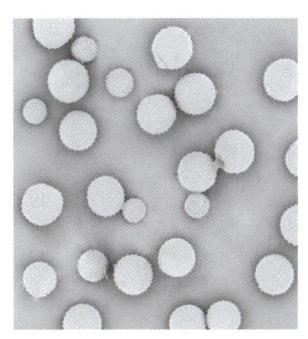
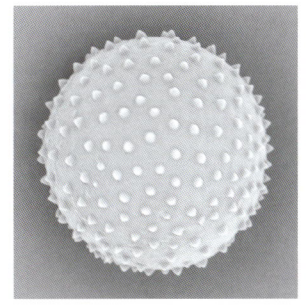

十二　姜科 Zingiberaceae

22. 火炬姜
Etlingera elatior (Jack) R. M. Sm.

别名：瓷玫瑰。

植株特征：根茎强壮分枝。叶片披针形，叶面深绿色，叶背淡绿色或黄绿色。穗状花序头状或卵形，从根茎抽出，花序梗延长成狭圆锥状；外苞片卵形，斜展，花期明显反折，内苞片披针形，花期不反折。花冠裂片不等，线状披针形；唇瓣匙形，先端圆形，微凹，上部深红色，边缘黄色。蒴果倒卵形，淡红色。盛花期 5—10 月。

花粉形态特征：花粉粒呈近球形，极轴长（62.73±0.67）μm，赤道轴长（61.37±0.99）μm，P/E 为 1.02。赤道面观与极面观均为近圆形。外壁表面光滑，或向内凹陷。

生境与分布：喜高温高湿。原产于非洲及亚洲热带地区。我国广东、福建、台湾、云南和海南等地有引种栽培。

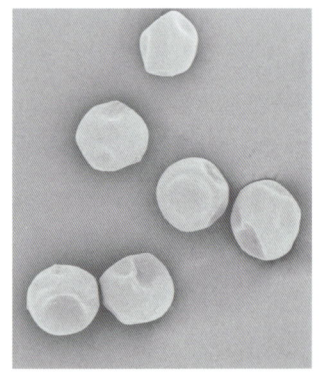

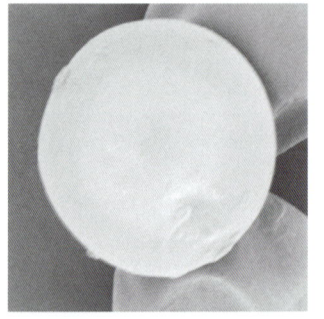

十三　凤梨科 Bromeliaceae

23. 水塔花
Billbergia pyramidalis (Sims) Lindl.

别名： 红运当头、火炬水塔花。

植株特征： 草本，茎极短。叶莲座状排列，6~15枚，阔披针形，直立至稍外弯，顶端钝而有小锐尖，基部阔，边缘至少在上半部有棕色小刺，上面绿色，背粉绿。穗状花序直立，略长于叶；苞片披针形至椭圆状披针形，粉红色；萼片有粉被，暗红色，长约为花瓣的1/3，裂片钝至短尖；花瓣红色，开花时旋扭。

花粉形态特征： 花粉粒呈船形，极轴长（63.60±7.07）μm，赤道轴（27.70±0.42）μm，P/E为2.3。极面观呈近圆形，赤道面观呈舟形或橄榄形。具远极单萌发沟，沟深，长达两极，萌发区内折。外壁具网状雕纹，网眼向极区减小，网脊窄，通过基柱与内壁相连。

生境与分布： 原产于巴西。我国温室多有栽培。

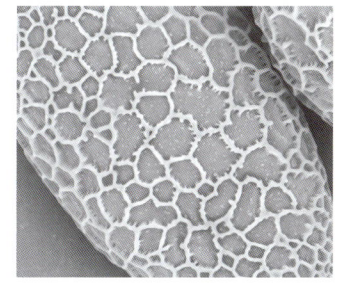 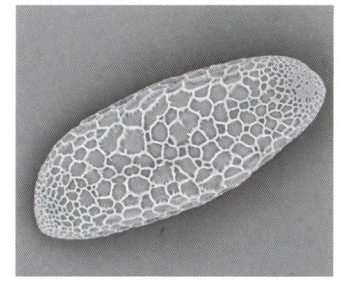 

十四　豆科 Fabaceae

24. 海红豆
Adenanthera microsperma Teijsmann & Binnendijk

别名：相思格、孔雀豆、红豆。

植株特征：落叶乔木，高 5~20 m。二回羽状复叶；叶柄和叶轴被微柔毛，无腺体；羽片 3~5 对，小叶 4~7 对，互生，长圆形或卵形。总状花序单生于叶腋或在枝顶排成圆锥花序，被短柔毛；花小，白色或黄色，有香味；花瓣披针形。荚果狭长圆形，开裂后果瓣旋卷。种子近圆形至椭圆形，鲜红色，有光泽。花期 4—7 月；果期 7—10 月。

花粉形态特征：花粉粒呈长球形，极轴长（40.97±1.25）μm，赤道轴长（31.63±0.15）μm，P/E 为 1.30。赤道面观呈椭圆形，极面观呈圆形。该品种花粉多合体特征较明显，由 16 颗花粉单元组成。每个花粉单元中间向内凹陷，外壁表面具微孔状纹饰。

生境与分布：多生于山沟、溪边、林中或栽培于庭园。原产于我国云南、贵州、广西、广东、福建和台湾。缅甸、柬埔寨、老挝、越南、马来西亚、印度尼西亚也有分布。

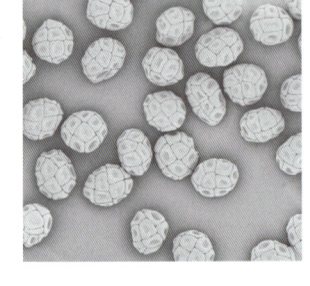
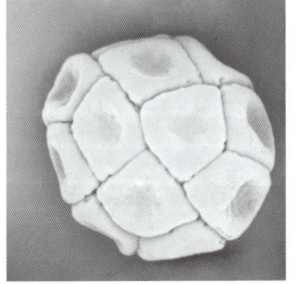
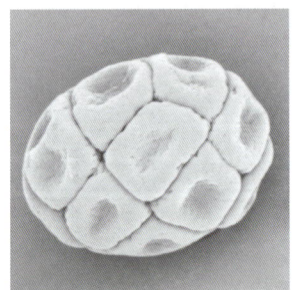

25. 蔓花生
Arachis duranensis Krapov. & W. C. Greg.

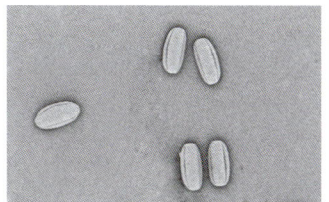

别名：遍地黄金。

植株特征：多年生草本，全株散生有小绒毛，匍匐生长。有明显主根，须根多，均有根瘤。茎为蔓性，偶数羽状复叶互生，有小托叶2枚，小叶2对，倒卵形，全缘，晚上会闭合。花腋生，蝶形金黄色，花瓣3枚；旗瓣近圆形，具瓣柄，无耳；翼瓣长圆形，具瓣柄，有耳；龙骨瓣内弯。开花后结荚果，荚果长桃形，果壳薄，果实易分散，难采收。花期春季至秋季，花量多。

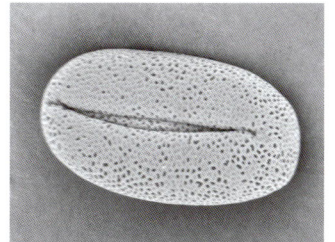

花粉形态特征：花粉粒呈椭球形，极轴长（39.00±2.07）μm，赤道轴长（20.40±0.66μm），P/E为1.91。极面观呈近圆形，赤道面观呈椭圆形。具3沟，沟窄长，两端近两极，边缘整齐。外壁表面具网状—穿孔状雕纹，网眼小。

生境与分布：原产于亚洲热带地区及南美洲。我国南方广泛栽培。

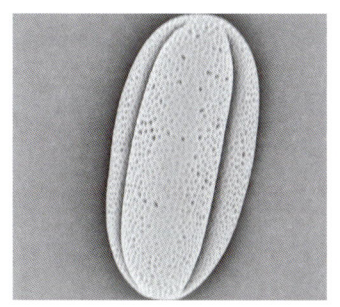

26. 红花羊蹄甲
Bauhinia blakeana Dunn

别名：洋紫荆。

植株特征：乔木，高可达 6~8 m。枝粗壮。叶革质，长圆形，有光泽；叶柄纤细，无毛。总状花序顶生或腋生，有时复合成圆锥花序，被短柔毛；苞片和小苞片三角形；花大，美丽；花蕾纺锤形；萼佛焰状；有淡红色和绿色线条；花瓣红紫色，具短柄，倒披针形。通常不结果。花期全年，3—4 月为盛花期。

花粉形态特征：花粉粒呈长球形，极轴长（89.17±2.36）μm，赤道轴长（46.80±1.66）μm，P/E 为 1.91。赤道面观呈椭圆形，极面观为近圆形。具 3 条内陷萌发沟，沟长达两极。外壁表面具清楚的条纹状纹饰，具微孔。

生境与分布：喜温暖湿润、多雨的气候。原产于亚热带地区。我国云南、广东和海南有栽培。

 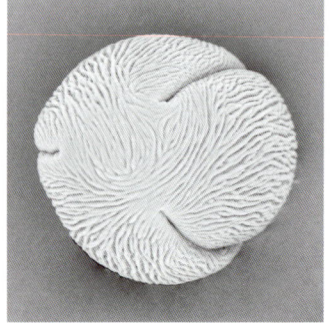 

27. 洋金凤
Caesalpinia pulcherrima (L.) Sw.

别名：金凤花。

植株特征：大灌木或小乔木。枝光滑，绿色或粉绿色，散生疏刺。二回羽状复叶；羽片 4~8 对，对生；小叶 7~11 对，长圆形或倒卵形。总状花序近伞房状，顶生或腋生，疏松；花瓣橙红色或黄色，圆形。荚果狭而薄，倒披针状长圆形，无翅，先端有长喙，无毛，不开裂，成熟时黑褐色。种子 6~9 颗。花果期几乎全年。

花粉形态特征：花粉粒呈近球形，极轴长（62.13±5.67）μm，赤道轴长（60.73±4.25）μm，P/E 为 1.02。赤道面呈扁圆形，极面观为三裂圆形。具 3 孔沟。外壁表面具有粗网状纹饰。

生境与分布：我国云南、广西、广东、台湾和海南均有栽培。

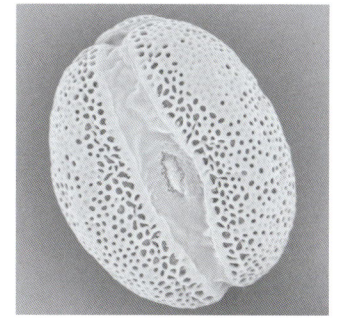
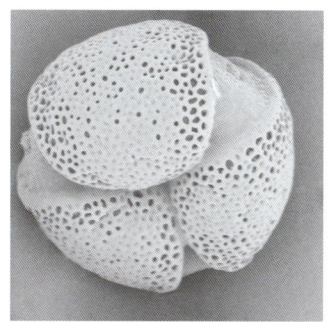
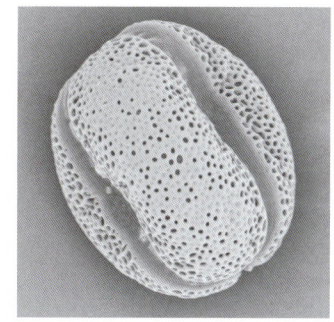

28. 朱缨花
Calliandra haematocephala Hassk.

别名：红合欢、红绒球、美蕊花、美洲合欢。

植株特征：落叶灌木或小乔木，高 1~3 m。枝条扩展，小枝圆柱形，褐色，粗糙。托叶卵状披针形，宿存；二回羽状复叶；小叶 7~9 对，斜披针形。头状花序腋生，有花 25~40 朵；花萼钟状，绿色；花冠管淡紫红色，顶端具 5 枚裂片，裂片反折。荚果线状倒披针形，暗棕色，成熟时由顶部至基部沿缝线开裂，果瓣外翻。种子 5~6 颗，长圆形，棕色。花期 8—9 月；果期 10—11 月。

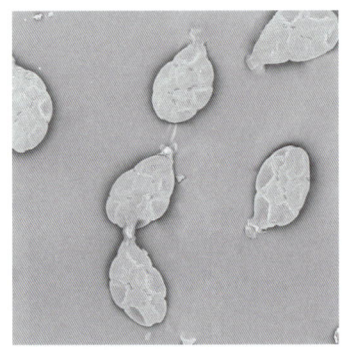

花粉形态特征：花粉粒呈近球形，极轴长（171.33 ± 6.51）μm，赤道轴长（108.00 ± 2.65）μm，P/E 为 1.59。赤道面呈扁圆形。外壁表面具有网状纹饰。

生境与分布：通常被栽种在公园或路边。原产于南美洲，现热带、亚热带地区常有栽培。我国海南有栽培。

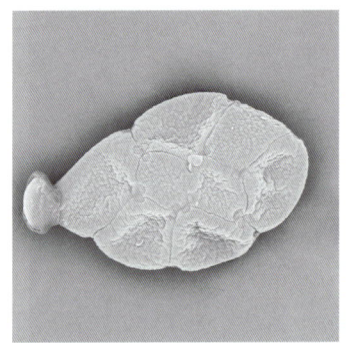

29. 蝶豆
Clitoria ternatea L.

别名：蝴蝶花豆、蓝花豆、蓝蝴蝶、蝴蝶豆。

植株特征：攀缘状草质藤本。茎、小枝细弱，被脱落性贴伏短柔毛。总叶轴上面具细沟纹；小叶5~7枚，但通常为5枚，薄纸质或近膜质，宽椭圆形或有时近卵形。花大，单朵腋生；苞片2枚，披针形；小苞片大，膜质，近圆形，绿色，有明显的网脉；花萼膜质，有纵脉，5裂，裂片披针形；花冠蓝色、粉红色或白色，旗瓣宽倒卵形，中央有一白色或橙黄色浅晕，基部渐狭，具短瓣柄；翼瓣与龙骨瓣远较旗瓣小，均具柄，翼瓣倒卵状长圆形，龙骨瓣椭圆形；雄蕊二体；子房被短柔毛。荚果，扁平，具长喙。有种子6~10颗；种子长圆形，黑色，具明显种阜。花果期7—11月。

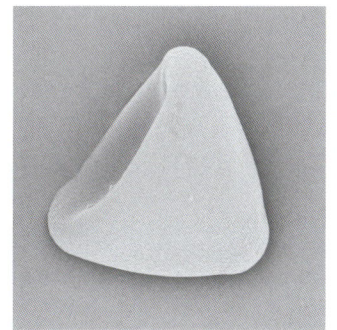

花粉形态特征：花粉呈杯状，轮廓三角形，极轴长（59.37±2.40）μm，赤道轴长（60.40±4.53）μm，P/E为0.98。赤道面观三角形，极面观椭圆形。

生境与分布：本种原产于印度，现世界各热带地区极常栽培。我国广东、海南、广西、云南（西双版纳）、台湾、浙江、福建有栽培。

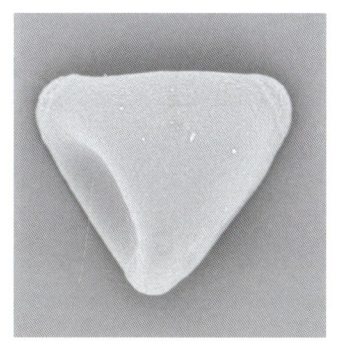

30. 鸡冠刺桐
Erythrina crista-galli L.

植株特征：落叶灌木或小乔木。茎和叶柄稍具皮刺。羽状复叶具 3 小叶；小叶长卵形或披针状长椭圆形，先端钝，基部近圆形。花与叶同出，总状花序顶生，每节有花 1~3 朵；花深红色，稍下垂或与花序轴成直角；花萼钟状，先端 2 浅裂。荚果褐色，种子间缢缩。种子大，亮褐色。

花粉形态特征：花粉粒呈近球形，极轴长（28.93 ± 1.27）μm，赤道轴长（26.50 ± 0.10）μm，P/E 为 1.09。赤道面观为近圆形，极面观为近圆形或近三角形。萌发区向外凸起。外壁表面具网状纹饰，网眼形状和大小不一，网脊光滑。

生境与分布：原产于巴西。我国台湾、云南（西双版纳）和海南有栽培，可供庭园观赏。

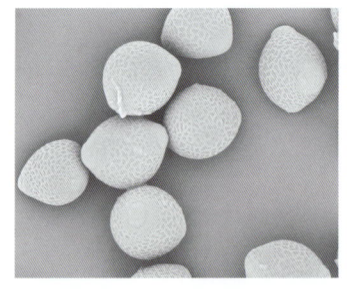
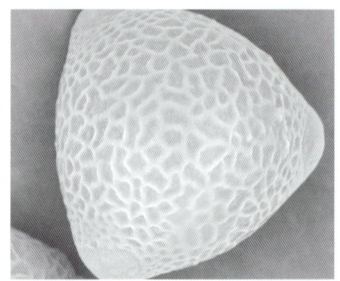
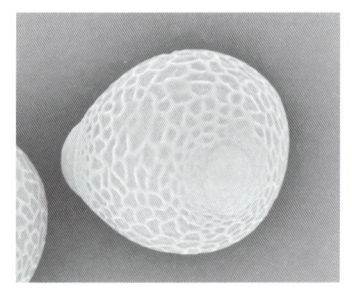

31. 含羞草
Mimosa pudica L.

别名：害羞草、怕丑草、呼喝草、知羞草。

植株特征：亚灌木状草本，高可达 1 m；茎圆柱状，具分枝，有散生、下弯的钩刺及倒生刺毛。羽片通常 2 对，指状排列于总叶柄顶端，长 3~8 cm；小叶 10~20 对，线状长圆形。头状花序圆球形，具长总花梗；花小，淡红色，多数；花冠钟状，裂片 4 枚。荚果长圆形，具刺毛，成熟时荚节脱落，荚缘宿存；种子卵形，长 3.5 mm。花期 3—10 月；果期 5—11 月。

花粉形态特征：花粉粒呈球形，极轴长（7.10 ± 0.16）μm，赤道轴长（7.09 ± 0.16）μm，P/E 为 1。赤道面观与极面观均为圆形。花粉粒呈四分体结构。外壁表面具蠕虫状纹饰。

生境与分布：生于旷野荒地、灌木丛中。我国长江流域常有栽培供观赏。原产于美洲热带地区，现广布于世界热带地区。

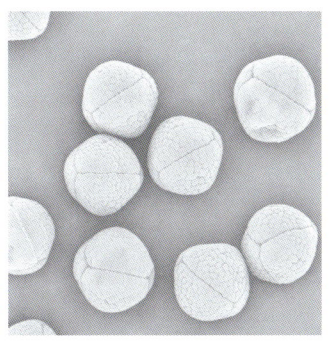

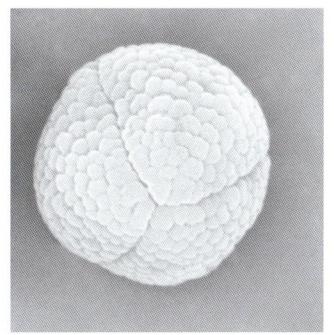

32. 泰国无忧花
Saraca thaipingensis Cantley ex King

别名：马叶树、马树。

植株特征：乔木。羽状复叶，小叶 4 对。花瓣 4 枚，呈黄色，老茎开花；雄蕊 4 枚。与云南无忧花较像，但其花瓣比云南无忧花要小些，雄蕊比云南无忧花要短得多。

花粉形态特征：花粉粒呈橄榄形，极轴长（$60.00 ± 2.97$）μm，赤道轴长（$30.47 ± 2.93$）μm，P/E 为 1.97。极面观呈三裂圆形，赤道面观呈椭圆形。具 3 沟，沟深，长达两极，萌发区内折，外壁表面较光滑，无明显纹饰。

生境与分布：原产于爪哇岛、马来西亚、缅甸、新几内亚岛、泰国、越南。我国云南、广东和海南有栽培。

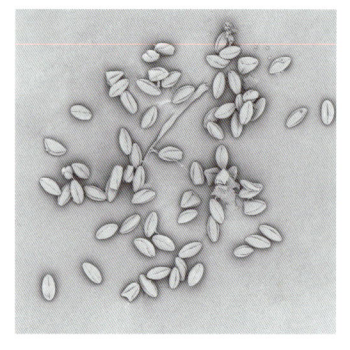

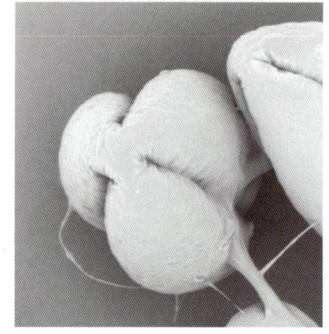

33. 酸豆

Tamarindus indica L.

别名：罗望子、酸角、酸梅。

植株特征：乔木，高 10~25 m。树皮暗灰色，不规则纵裂。小叶小，长圆形，先端圆钝或微凹，基部圆而偏斜，无毛。花黄色或杂以紫红色条纹，少数；总花梗和花梗被黄绿色短柔毛；小苞片 2 枚；花瓣倒卵形，与萼裂片近等长，边缘波状，皱折。荚果圆柱状长圆形，肿胀，棕褐色，直或弯拱，常不规则地缢缩。种子 3~14 颗，褐色，有光泽。花期 5—8 月；果期 12 月至翌年 5 月。

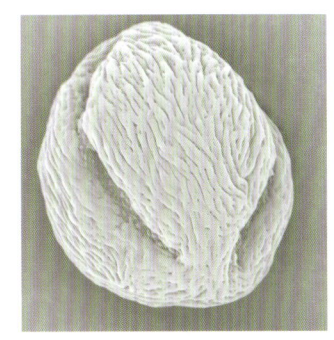

花粉形态特征：花粉粒呈近球形，极轴长（28.17 ± 0.70）μm，赤道轴长（27.17 ± 0.47）μm，P/E 为 1.04。极面观呈三裂圆形，赤道面观呈近圆形。具 3 沟。外壁具条纹—微穿孔状雕纹。

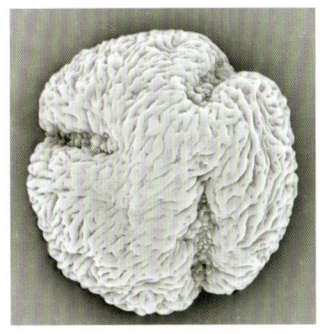

生境与分布：原产于非洲，现各热带地区均有栽培。我国台湾、福建、广东、广西、云南和海南常见栽培。

十五 葫芦科 Cucurbitaceae

34. 金铃子
Momordica charantia Linn.

别名：短角苦瓜、癞葡萄、山苦瓜。

植株特征：一年或多年生宿根草质藤本植物。叶片掌状深裂，裂片卵状长圆形；边缘具粗齿或有不规则小齿；腹面绿色，背面淡绿色。雌雄同株；雌雄花的柄都特别细长。果实纺锤形、短圆锥形、长圆锥形及圆筒形等；表面长满瘤状物。种子盾形、淡黄色，外有鲜红色肉质假种皮包裹。花果期常年。

花粉形态特征：花粉粒呈长球形，极轴长（74.70±4.39）μm，赤道轴长（48.60±3.15）μm，P/E 为 1.54。赤道面观为椭圆形，极面观为圆形。具 3 条内陷萌发沟，沟长达两极。外壁表面具网孔状纹饰，网孔形状和大小不一，网脊光滑。

生境与分布：原产于我国江南一带。广泛栽培于世界热带到温带地区。我国海南有引种栽培。

 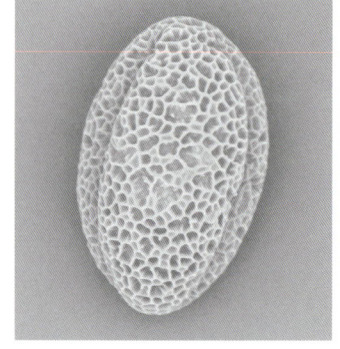 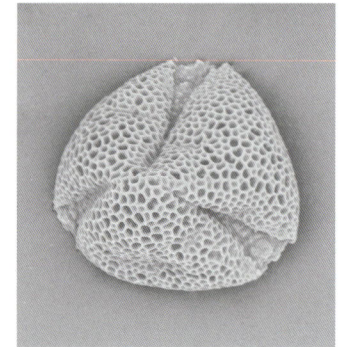

十六　酢浆草科 Oxalidaceae

35. 阳桃
Averrhoa carambola L.

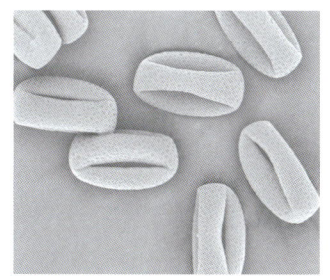

别名：五棱果、五敛子、杨桃。

植株特征：乔木，高可达 12 m。奇数羽状复叶，互生；小叶 5~13 枚，腹面深绿色，背面淡绿色。花数朵至多朵组成聚伞花序或圆锥花序，自叶腋出或着生于枝干上，花枝和花蕾深红色；花瓣背面淡紫红色，边缘色较淡，有时为粉红色或白色。浆果肉质，下垂，有 5 棱，很少 6 棱或 3 棱；横切面呈星芒状，淡绿色或蜡黄色，有时带暗红色。种子黑褐色。花期 4—12 月；果期 7—12 月。

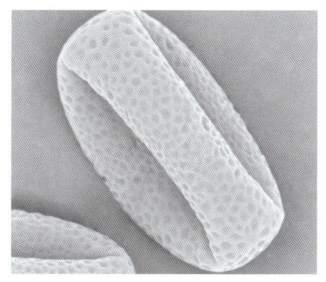

花粉形态特征：花粉粒呈近椭球形，极轴长（26.50 ± 0.92）μm，赤道轴长（13.87 ± 1.15）μm，P/E 为 1.91。外壁具有穴状雕纹。

生境与分布：生于路旁、疏林或庭园中。原产于马来西亚，现广泛分布于热带各地。我国福建、广东、广西、贵州、海南、四川、台湾和云南有分布。

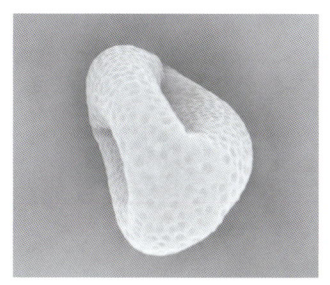

十七 西番莲科 Passifloraceae

36. 鸡蛋果
Passiflora edulis Sims

别名：百香果。

植株特征：草质藤本，长约 6 m。叶纸质，掌状 3 深裂，中间裂片卵形，两侧裂片卵状长圆形。聚伞花序退化仅存 1 花，与卷须对生；花芳香，花瓣 5 枚；外副花冠裂片 4~5 轮，外 2 轮裂片丝状，约与花瓣近等长。浆果卵球形，无毛，熟时紫色。种子多数，卵形。花期 6 月；果期 11 月。

花粉形态特征：花粉粒内折，呈杯状。极轴长（30.4±1.5）μm，赤道轴长（65.83±3.61）μm，P/E 为 0.46。赤道面观呈椭圆形，极面观呈近圆形。外壁表面具不规则脊，脊背有少量疣状突起，脊沟有棒状、不尖锐纹饰结构。

生境与分布：原产于南美洲。我国福建、广东、海南、台湾和云南有引种栽培。

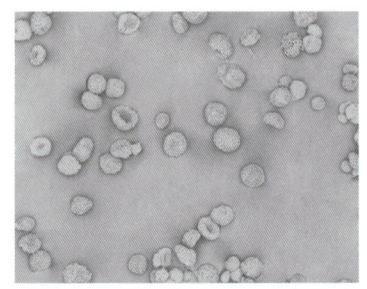

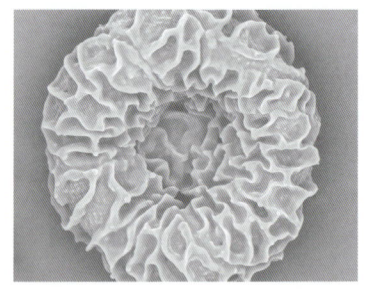

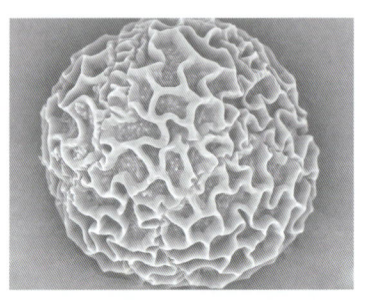

37. 红花西番莲
Passiflora miniata Vanderpl.

植株特征： 多年生草质藤本，茎圆形，具卷须。叶互生，长圆形至长卵形，先端渐尖，基部心形，叶缘有不规则浅疏齿。花单生于叶腋，花冠红色，花瓣长披针形，副花冠3轮，最外轮较长，紫褐色并散布有斑点状白色，内两轮为白色。肉质浆果近球形，含种子数颗；种子扁平，长圆形至三角状椭圆形。

花粉形态特征： 花粉粒呈近球形，极轴长（54.97±1.53）μm，赤道轴长（53.73±1.55）μm，P/E 为 1.02。赤道面观与极面观为圆形。外壁表面具明显脊和脊腔。

生境与分布： 喜高温湿润气候，要求光照充足。原产于委内瑞拉、圭亚那、秘鲁、玻利维亚和巴西等美洲热带地区。全球热带地区均有栽培。

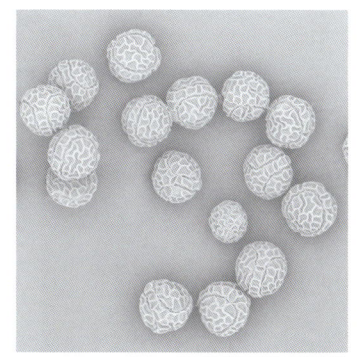

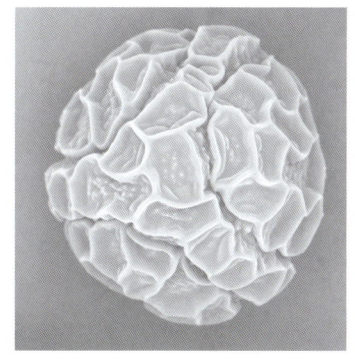

38. 大果西番莲
Passiflora quadrangularis L.

别名：大西番莲、日本瓜、大转心莲。

植株特征：粗状草质藤本，长 10~15 m，无毛；幼茎四棱形，常具窄翅。叶膜质；宽卵形至近圆形，先端急尖，基部圆形至浅心形。花序退化仅存 1 朵花；卷须粗壮，与叶对生；花大，淡红色，具芳香；花瓣 5 枚，淡红色，长圆形或长圆状披针形。浆果卵球形，长 20~25 cm，肉质，成熟时红黄色。种子多数，近圆形。花期 7—9 月；果期 8—10 月。

花粉形态特征：花粉粒呈球状，极轴长（57.33±1.40）μm，赤道轴长（56.37±2.02）μm，P/E 为 1.02。赤道面观与极面观均为圆形。外壁表面具脊，不规则且不连续，脊腔内部有刺状突起。

生境与分布：生于潮湿阴凉的林地中。原产于美洲热带地区，现广泛种植于热带地区。我国广东、广西、海南和云南等省区有栽培。

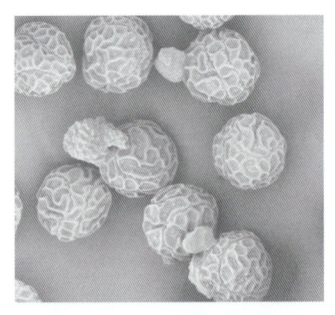
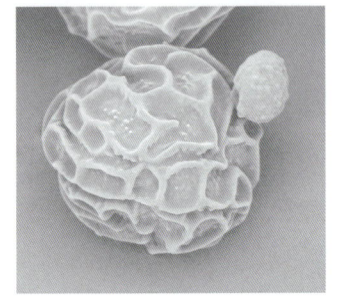
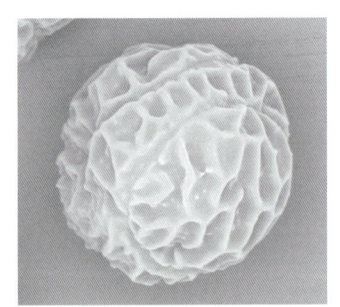

十八　大戟科 Euphorbiaceae

39. 时钟花
Turnera ulmifolia L.

植株特征：常绿灌木或半灌木，株高 60~90 cm。叶互生，为长卵形，边缘有锯齿，叶基有 1 对明显的腺体。花朵开于枝条末端的叶腋处，花冠金黄色，5 瓣。蒴果，室背开裂或不开裂。种子少数至多数。花期春夏季；果期夏秋季。

花粉形态特征：花粉粒呈长球形，极轴长（79.13 ± 5.75）μm，赤道轴长（46.50 ± 0.53）μm，P/E 为 1.7。极面观呈圆三角形或三角形，赤道面观呈矩圆形。具 3 沟，沟长近两极。外壁表面具网状雕纹，网脊窄而光滑，网眼内有颗粒。

生境与分布：生长于路边、草坡或丛林中。喜光照，适宜生长在气候温暖、湿润的地区。原产于美洲热带地区。我国云南、广东和海南有栽培。

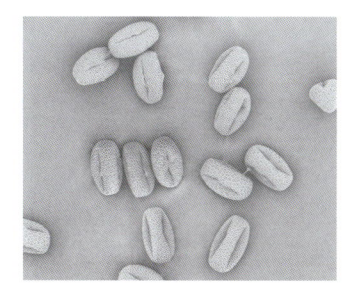

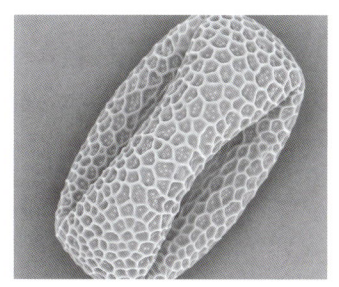

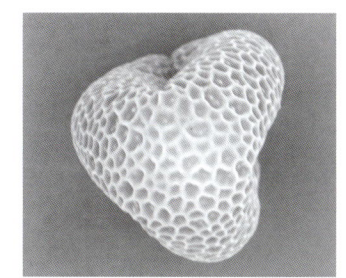

40. 白雪木
Euphorbia leucocephala Lotsy

别名：白雪公主、大戟合欢。

植株特征：株高可达 2 m。枝细而脆，具白色体液。叶对生或轮生，长椭圆形或长椭圆状披针形，先端钝，具小突尖，全缘，纸质。花序伞形排列，顶生，苞片倒卵形，白色，酷似白苞圣诞红，盛开时如雪花披被，颇为清雅。秋冬季开花。

花粉形态特征：花粉粒呈长球形，极轴长（30.47±1.35）μm，赤道轴长（20.33±0.95）μm，P/E 为 1.5。赤道面观呈椭圆形，极面观呈近圆形。具3沟，沟长达两极，沟界极区小。外壁表面具清楚的网状雕纹，网眼分布均匀，形状大小基本一致，网脊表面平滑连续。

生境与分布：原产于中美洲热带地区。我国南方地区有引种栽培。

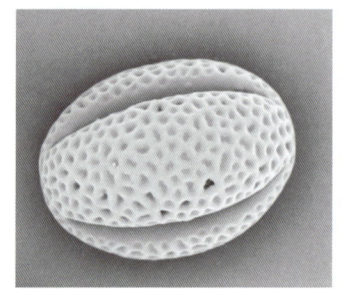

41. 变叶珊瑚花
Jatropha integerrima Jacq.

别名：琴叶珊瑚、日日樱、南洋樱。

植株特征：常绿灌木。单叶互生，倒阔披针形；叶面为浓绿色，叶背为紫绿色；叶柄具茸毛，叶面平滑，常丛生于枝条顶端。花单性，雌雄同株，花冠红色或粉红色，雌花与雄花不同时开放；具乳汁，有毒。蒴果圆球形，成熟时呈黑褐色。花期长，春季至秋季。

花粉形态特征：花粉粒呈近球形，极轴长（56.07±14.66）μm，赤道轴长（51.90±15.42）μm，P/E 为 1.08。极面观呈近圆形，赤道面观呈近圆形，表面有不规则内折，无明显萌发孔。外壁表面瘤状雕纹排列呈巴豆式图案。

生境与分布：喜高温高湿环境。原产于西印度群岛。我国广东、福建和海南有栽培利用。

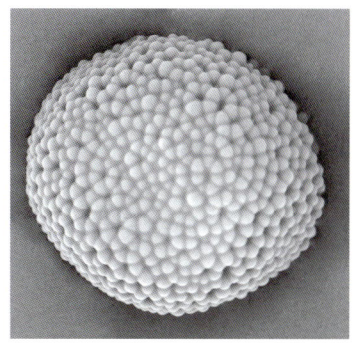

42. 佛肚树
Jatropha podagrica Hook.

别名：玉树珊瑚、珊瑚油桐、麻疯树、麻风树。

植株特征：直立灌木，不分枝或少分枝。茎基部或下部通常膨大呈瓶状；枝条粗短，肉质，具散生突起皮孔，叶痕大且明显。叶盾状着生，轮廓近圆形至阔椭圆形，顶端圆钝，基部截形或钝圆，全缘或2~6浅裂，腹面亮绿色，背面灰绿色，两面无毛。花序顶生，具长总梗，分枝短，红色，裂片近圆形；花瓣倒卵状长圆形，红色。蒴果椭圆状，具3纵沟。种子平滑。花期几乎全年。

花粉形态特征：花粉粒呈球形，极轴长（73.10±1.84）μm，赤道轴长（71.45±6.01）μm，P/E为1.02。赤道面观与极面观均呈圆形。外壁表面具清楚且密集的杵状纹饰，分布较均匀，形状、大小不一。

生境与分布：原产于中美洲或南美洲热带地区。我国南方地区有引种栽培用作园林观赏。

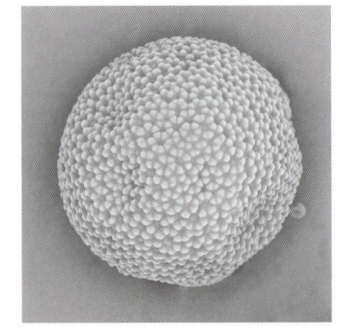

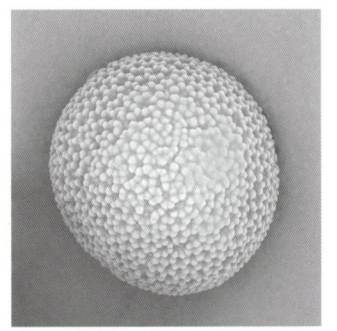

43. 山苦茶
Mallotus peltatus (Geiseler) Muller Argoviensis

别名：鹧鸪茶、椭圆叶野桐。

植株特征：灌木或小乔木，高 2~10 m，植株干燥后有零陵香味。小枝被星状短柔毛或变无毛，具颗粒状腺体。叶互生或有时近对生，长圆状倒卵形，顶端急尖或尾状渐尖，下部渐狭，圆形或微心形；侧脉 8~10 对。花雌雄异株，顶生，苞片卵状披针形。雌花序总状，顶生，苞片钻形。蒴果扁球形，具 3 个分果爿，具 3 纵槽，被微柔毛和橙黄色颗粒状腺体，疏生稍弯的软刺。种子球形，具斑纹。花期 2—4 月；果期 6—11 月。

花粉形态特征：花粉粒呈近椭球形，极轴长（22.60 ± 0.95）μm；赤道轴长（15.40 ± 0.46）μm；P/E 为 1.47。赤道面观呈椭圆形，极面观为三裂圆形。外壁具有刺状雕纹。

生境与分布：生于山坡灌丛、山谷疏林中或林缘。产于我国广东和海南。分布于亚洲东南部各国。

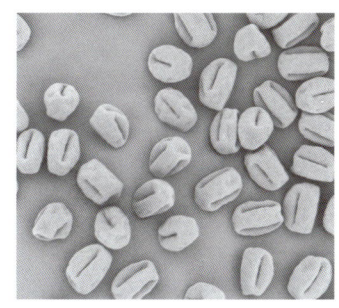 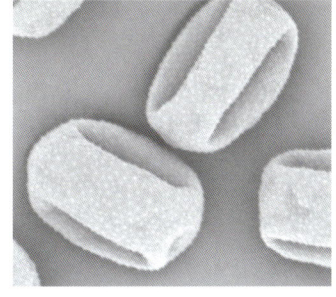 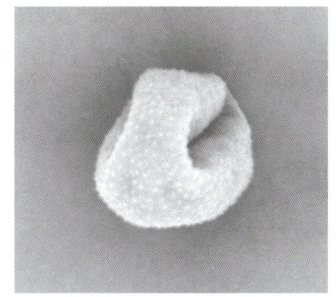

十九　千屈菜科 Lythraceae

44. 散沫花
Lawsonia inermis L.

别名：指甲木、手甲木、指甲叶、指甲花。

植株特征：无毛大灌木，高可达6 m。叶交互对生，薄革质，椭圆形或椭圆状披针形，顶端短尖，基部楔形或渐狭成叶柄，侧脉5对，纤细，在两面微凸起。花极香，白色或玫瑰红色至朱红色；花萼4深裂，裂片阔卵状三角形；花瓣4枚，略长于萼裂，边缘内卷。蒴果扁球形，通常有4条凹痕。种子多数，肥厚，三角状尖塔形。花期6—10月；果期12月。

花粉形态特征：花粉粒呈长球形，极轴长（21.8±1.13）μm，赤道轴长（13.40±0.56）μm，P/E为1.63。极面观呈近圆形，赤道面观呈椭圆形。具3赤道沟，沟长近两极，萌发沟2侧有两个较短的假沟。外壁表面光滑。

生境与分布：分布于阿尔及利亚、印度尼西亚、新加坡、马来西亚、越南、菲律宾、澳大利亚等。我国云南、江苏、浙江、福建、广西西南部、广东南部、海南等地区常栽培于庭园供观赏。

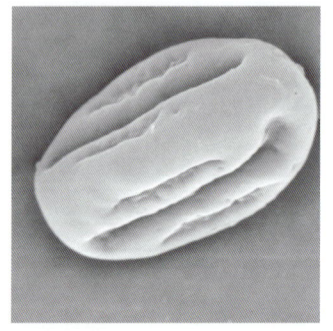

45. 紫薇
Lagerstroemia indica L.

别名：千日红、无皮树、痒痒树、痒痒花。

植株特征：落叶灌木或小乔木，高可达 7 m。树皮平滑，灰色或灰褐色；枝干多扭曲，小枝纤细，具 4 棱，略呈翅状。叶互生或有时对生，纸质，椭圆形、阔矩圆形或倒卵形；侧脉 3~7 对，小脉不明显。花淡红色、紫色或白色；花瓣 6 枚。蒴果椭圆状球形或阔椭圆形，成熟时或干燥时呈紫黑色，室背开裂。种子有翅。花期 6—9 月；果期 9—12 月。

花粉形态特征：花粉粒呈近球形至长球形，极轴长（32.93 ± 0.64）μm，赤道轴长（28.80 ± 1.01）μm，P/E 为 1.14。赤道面观为圆形，极面观为钝三角形。具 3 孔沟，内孔圆形，长几乎达两极。外壁纹饰在光学显微镜下为细颗粒状，在扫描电子显微镜下为细网状。

生境与分布：喜生于肥沃湿润的土壤。原产于亚洲，现广泛种植于热带地区。我国广东、广西、湖南、福建、江西、浙江、江苏、湖北、河南、河北、山东、安徽、陕西、四川、云南、贵州及吉林均有生长或栽培。

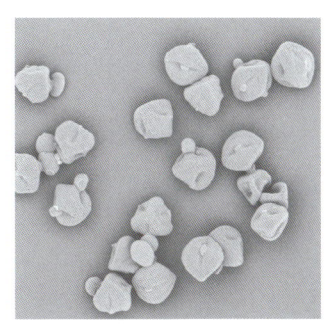
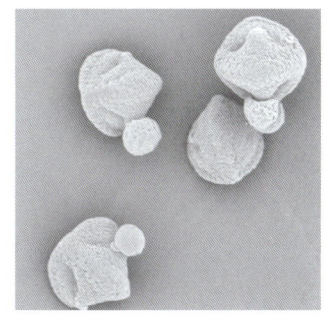
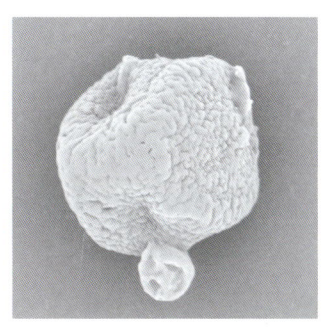

二十　桃金娘科 Myrtaceae

46. 大果番樱桃
Eugenia stipitata McVaugh

别名：具柄番樱桃、思帝果。

植株特征：常绿灌木或小乔木，高3~12 m。单叶对生，卵状椭圆形；腹面深绿色，背面淡绿色。腋生花单生或合生在总状花序中；花瓣白色，倒卵形；花萼黄绿色。球形浆果最初为绿色，成熟后为黄色；果皮薄，果肉多汁，芳香。种子5~15颗。花期9月至翌年2月；果期1—3月。

花粉形态特征：花粉粒呈近球形，极轴长（15.4±0.7）μm，赤道轴长（14.57±0.72）μm，P/E为1.06。极面观呈三角形，赤道面观呈近圆形。具3孔沟，萌发孔位于赤道面角上。外壁具疣状雕纹。

生境与分布：生于海拔约600 m的潮湿森林中。原产于巴西、秘鲁、玻利维亚和哥伦比亚等。广东、海南和云南（西双版纳）有引种栽培。

二十一　野牡丹科 Melastomataceae

47. 巴西野牡丹
Tibouchina semidecandra (Mart. et Schrank ex DC.) Cogn.

别名：紫花野牡丹。

植株特征：常绿灌木，高 100 cm。枝条红褐色，四棱柱形被茸毛和糙伏毛。叶对生长椭圆形或披针形。总状花序顶生，花冠紫蓝色，花瓣倒卵形。蒴果球形，密被毛。花果期全年。

花粉形态特征：花粉粒呈长球形，极轴长（27.13 ± 2.74）μm，赤道轴长（15.20 ± 1.40）μm，P/E 为 1.79。赤道面观呈椭圆形，等极。具 6 沟，沟长达两极。

生境与分布：原产于巴西，热带、亚热带地区广泛种植。我国广东、福建、海南等地常有栽培。

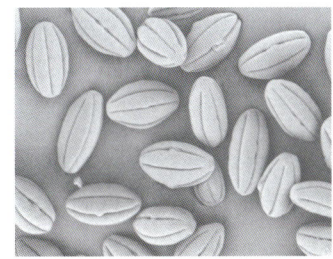

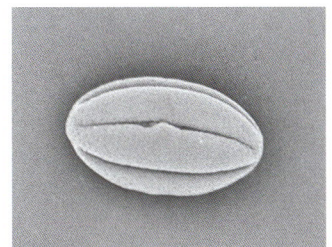

二十二 无患子科 Sapindaceae

48. 龙眼
Dimocarpus longan Lour.

别名：圆眼、桂圆。

植株特征：常绿乔木，高通常 10 m。小叶 4~5 对，很少 3 对或 6 对，薄革质，长圆状椭圆形至长圆状披针形；腹面深绿色，有光泽，背面粉绿色，两面无毛。花序顶生和近枝顶腋生；花瓣乳白色，披针形。果近球形，通常黄褐色或有时灰黄色，外面稍粗糙。种子茶褐色，光亮，全部被肉质的假种皮包裹。花期春夏间，果期夏季。

花粉形态特征：花粉粒呈长球形，极轴长（23.43±1.91）μm，赤道轴长（15.87±1.24）μm，P/E 为 1.48。极面观呈三裂圆形，赤道面观呈矩圆形。具 3 沟，沟窄长，两端近两极。外壁表面具条纹—穿孔状雕纹。

生境与分布：原产于我国广东、广西、海南和云南。

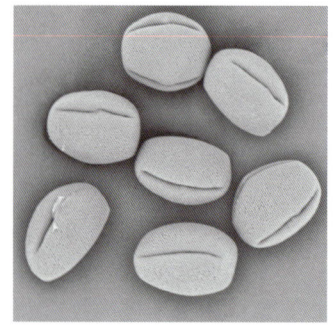 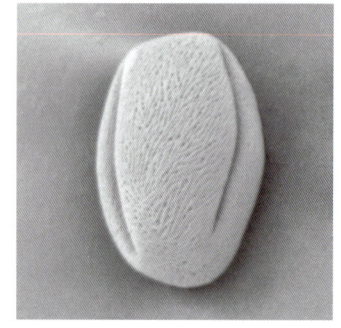 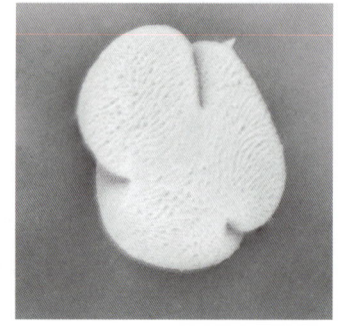

49. 复羽叶栾
Koelreuteria bipinnata Franch.

别名：复羽叶栾树。

植株特征：乔木，高达 20 m。二回羽状复叶，小叶 9~17 枚，互生，稀对生，斜卵形。圆锥花序与花梗均被柔毛；萼 5 裂达中部，裂片宽卵状三角形或长圆形，有短而硬的缘毛及流苏状腺体，边缘啮蚀状；花瓣 4 枚。蒴果椭圆形或近球形，具 3 棱，淡紫红色，老熟时褐色；果瓣椭圆形至近圆形，外面具网状脉纹，内面有光泽。种子近球形。花期 7—9 月；果期 8—10 月。

花粉形态特征：花粉粒呈长球形，极轴长（26.37 ± 2.98）μm，赤道轴长（17.80 ± 2.26）μm，P/E 为 1.48。赤道面观呈椭圆形，极面观为三裂圆形。具 3 条内陷萌发沟，沟长达两极。外壁表面具清楚的条纹状纹饰。

生境与分布：生于山地疏林中。产于我国云南、贵州、四川、湖北、湖南、广西、广东和海南等省区。

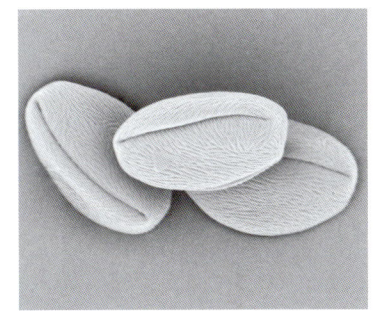

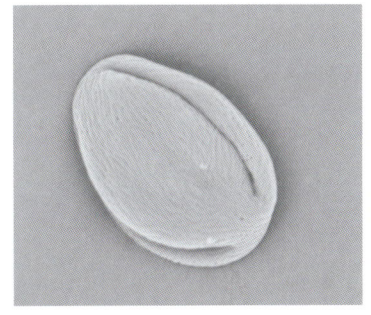

二十三　芸香科 Rutaceae

50. 九里香
Murraya exotica L. Mant.

别名：万里香、七里香、千里香。

植株特征：小乔木，高可达 8 m。枝白灰色或淡黄灰色，但当年生幼枝绿色。叶有小叶 3-5-7 枚，小叶倒卵形或倒卵状椭圆形，两侧常不对称。花序通常顶生，或顶生兼腋生，花多朵聚成伞状，为短缩的圆锥状聚伞花序；花白色，芳香；萼片卵形；花瓣 5 枚，长椭圆形。果橙黄色至朱红色，阔卵形或椭圆形，顶部短尖，略歪斜，有时圆球形；果肉有黏胶质液。种子有短的棉质毛。花期 4—8 月，也有秋后开花；果期 9—12 月。

花粉形态特征：花粉粒呈长球形，极轴长（51.93 ± 0.55）μm，赤道轴长（29.63 ± 0.55）μm，P/E 为 1.75。赤道面观为椭圆形，极面观为三裂圆形。具 3 条内陷萌发沟，沟长达两极。外壁表面具条纹状纹饰，且有微孔网状雕纹。

生境与分布：常见于离海岸不远的平地、缓坡、小丘的灌木丛中。产于我国台湾、福建、广东、海南、广西五省区。

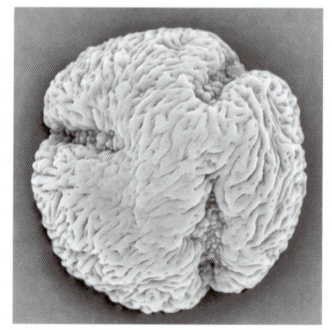

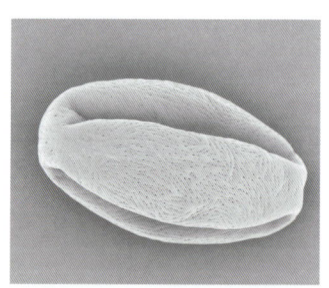

二十四　楝科 Meliaceae

51. 麻楝
Chukrasia tabularis A. Juss.

别名：白椿、毛麻楝。

植株特征：乔木，高达 25 m。老茎树皮纵裂，幼枝赤褐色，无毛，具苍白色皮孔。叶通常为偶数羽状复叶，无毛，小叶 10~16 枚；叶柄圆柱形；小叶互生，纸质，卵形至长圆状披针形，先端渐尖，基部圆形，偏斜，下侧常短于上侧，两面均无毛或近无毛，侧脉每边 10~15 条。圆锥花序顶生，长约为叶的一半，疏散，具短的总花梗，分枝无毛或近无毛；苞片线形，早落；花瓣黄色或略带紫色，长圆形，外面中部以上被稀疏的短柔毛。蒴果灰黄色或褐色，近球形或椭圆形。种子扁平，椭圆形，有膜质的翅。花期 4—5 月；果期 7 月至翌年 1 月。

花粉形态特征：花粉粒呈长球形，极轴长（30.73 ± 0.70）μm，赤道轴长（23.97 ± 1.17）μm，P/E 为 1.28。极面观呈近圆形，赤道面观呈矩圆形。具 4 沟。外壁表面具少量模糊的穴状纹饰。

生境与分布：生于山地杂木林或疏林中。我国广东、广西、云南和海南有分布。

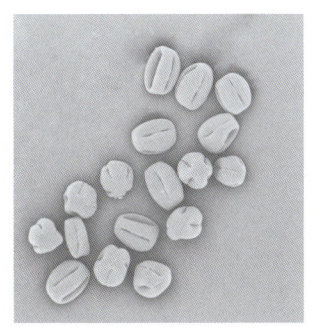

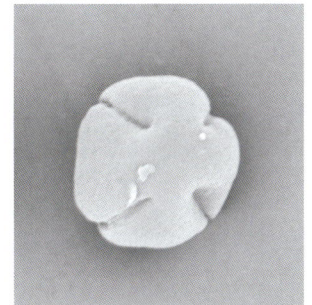

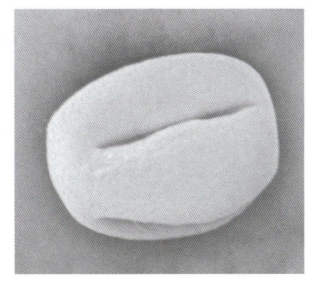

二十五　锦葵科 Malvaceae

52. 美丽异木棉
Ceiba speciosa (A.St.-Hil.) Ravenna

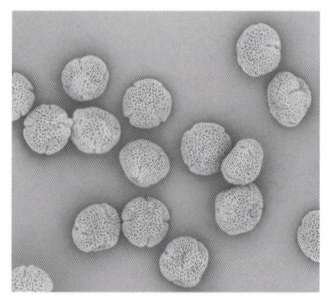

别名：美人树、美丽木棉、丝木棉。

植株特征：落叶大乔木，高 10~15 m。成年树干基部膨大呈酒瓶状，树冠层次分明，幼树树皮浓绿色，密生圆锥状皮刺。掌状复叶，小叶椭圆形。花单生，花冠淡紫红色，中心白色，也有白色、粉红色、黄色等，即使同一植株也可能黄花、白花、黑斑花并存。蒴果椭圆形，果瓣革质，内有丝状绵毛。种子为扁圆形，棕褐色，藏于绵毛内。花期 10—12 月；果 5 月成熟。

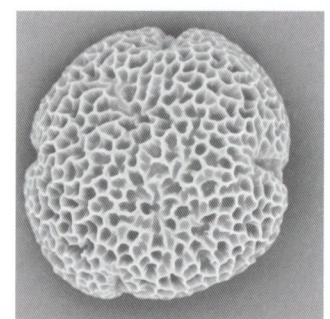

花粉形态特征：花粉粒呈近球形，极轴长（44.93±2.93）μm，赤道轴长（41.03±2.06）μm，P/E 为 1.1。极面观呈近圆形，赤道面观呈近圆形。具 4 沟。外壁表面具网状雕纹，网脊窄，网眼深，网胞壁可见倾斜基柱。

生境与分布：喜光，喜高温高湿气候。原产于南美洲的巴西和阿根廷，20 世纪 50 年代首次引入我国，先后在我国台湾、广东、海南、福建等省区栽培。

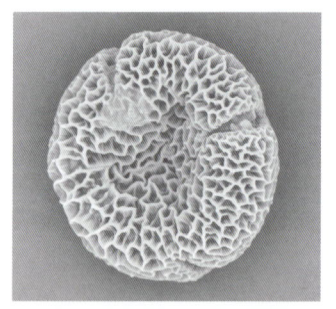

53. 朱槿

Hibiscus rosa-sinensis L.

别名： 状元红、桑槿、大红花、扶桑、花叶朱槿。

植株特征： 常绿灌木，高 1~3 m。小枝圆柱形，疏被星状柔毛。叶阔卵形或狭卵形，先端渐尖，基部圆形或楔形，边缘具粗齿或缺刻，两面除背面沿脉上有少许疏毛外均无毛；腹面被长柔毛；托叶线形，被毛。花单生于上部叶腋间，常下垂，疏被星状柔毛或近平滑无毛，近端有节；小苞片 6~7 枚，线形；花冠漏斗形，玫瑰红、淡红、淡黄等色，花瓣倒卵形，先端圆，外面疏被柔毛。蒴果卵形，平滑无毛，有喙。花期全年。

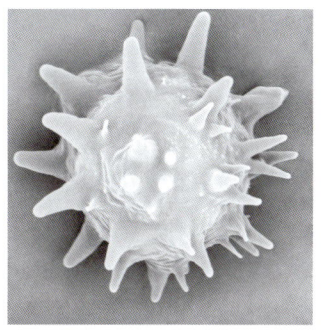

花粉形态特征： 花粉粒呈近球形，极轴长（81.70±44.89）μm，赤道轴长（77.93±41.21）μm，P/E 为 1.05。外壁较厚，表面散布有许多小孔，而且小孔之间还有细小的凸起，呈现褶皱的形态。在光学显微镜下，可以看到朱槿花粉粒呈三裂开放，形成 3 个裂口。

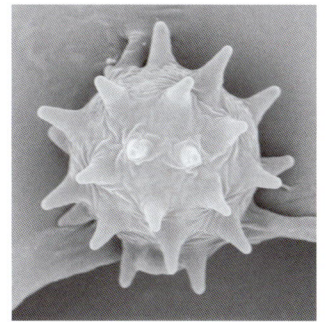

生境与分布： 我国广东、云南、台湾、福建、广西、四川等省区有栽培。

54. 黄槿
Talipariti tiliaceum (L.) Fryxell.

别名：盐水面头果、万年春、海麻。

植株特征：常绿灌木或乔木，高 4~10 m。树皮灰白色，小枝无毛或近于无毛，很少被星状绒毛或星状柔毛。叶革质，近圆形或广卵形，先端突尖，有时短渐尖，基部心形，全缘或具不明显细圆齿；腹面绿色，嫩时被极细星状毛，逐渐变平滑无毛；背面密被灰白色星状柔毛，叶脉 7 条或 9 条。花序顶生或腋生，常数花排列成聚散花序；小苞片 7~10 枚，线状披针形，被绒毛；花冠钟形，花瓣黄色，内面基部暗紫色，倒卵形，外面密被黄色星状柔毛。蒴果卵圆形，被绒毛；有果爿 5 个，木质。种子光滑，肾形。花期 6—8 月。

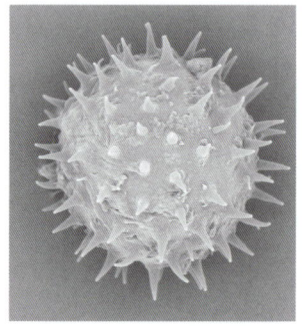

花粉形态特征：花粉粒呈球形，极轴长（124.50 ± 9.19）μm，赤道轴长（124.00 ± 7.07）μm，P/E 为 1。赤道面观与极面观均为圆形。外壁表面具清楚的长刺状纹饰。

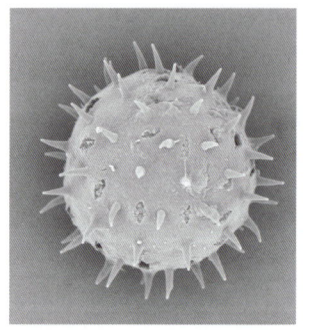

生境与分布：喜光，喜温暖湿润气候，适应性特别强。分布于中国、越南、柬埔寨、老挝、缅甸、印度、印度尼西亚、马来西亚及菲律宾等国家。我国分布于台湾、广东、福建和海南等省。

55. 可可
Theobroma cacao L.

别名：巧克力树。

植株特征：常绿乔木，高可达 7~10 m。叶卵状长椭圆形至倒卵状长椭圆形。花排成聚伞花序；花瓣 5 枚，淡黄色，略比萼长。核果椭圆形或长椭圆形，初为淡绿色，后变为红色，成熟后深黄色；果实表面有纵沟。每室有种子 12~14 颗；种子卵形；包裹着种子的果肉白色透明。花期几乎全年。

花粉形态特征：花粉粒呈近球形，极轴长（15.73±0.25）μm，赤道轴长（14.17±0.68）μm，P/E 为 1.11。赤道面观与极面观均呈近圆形。外壁表面具清楚的网状雕纹，网眼形状、大小不规则，网脊连接处向外突出呈微刺状。

生境与分布：喜生于温暖和湿润的气候。原产于美洲热带地区，现广泛栽培于全世界的热带地区。我国海南和云南有栽培。

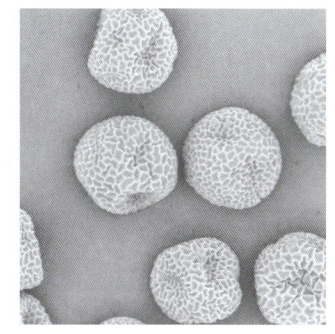
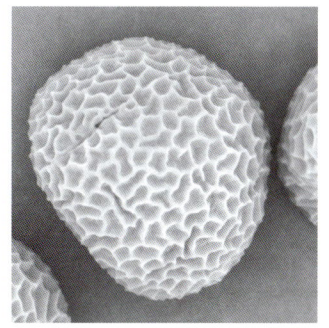

二十六　番木瓜科 Caricaceae

56. 番木瓜
Carica papaya L.

别名：树冬瓜、番瓜、木瓜。

植株特征：常绿软木质小乔木，高达 8~10 m，具乳汁。叶大，聚生于茎顶端，近盾形；通常 5~9 深裂，每裂片再为羽状分裂；叶柄中空。植株有雄株、雌株和两性株。花单性或两性；有些品种在雄株上偶尔产生两性花或雌花，并结成果实，亦有时在雌株上出现少数雄花。浆果肉质，成熟时橙黄色或黄色，长圆球形、倒卵状长圆球形、梨形或近圆球形；果肉柔软多汁，味香甜。种子多数，卵球形，成熟时黑色。花果期全年。

花粉形态特征：花粉粒呈长球形，极轴长（32.53±2.03）μm，赤道轴长（22.37±1.63）μm，P/E 为 1.45。极面观呈三裂圆形或近圆形，赤道面观呈矩圆形。具 3 沟，萌发区内折。外壁表面具网状至穴状雕纹，两极纹饰少。

生境与分布：喜生于阳光充足的地区。原产于美洲热带地区，广植于世界热带和较温暖的亚热带地区。我国福建南部、广东、广西、海南、台湾和云南南部等地区广泛栽培。

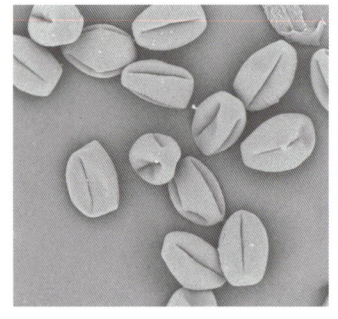 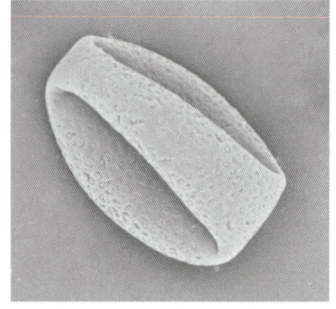 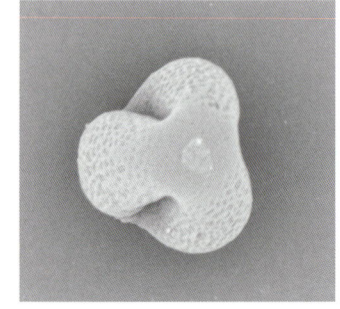

二十七 檀香科 Santalaceae

57. 檀香
Santalum album L.

别名：真檀。

植株特征：常绿小乔木，高约 10 m。枝圆柱状，带灰褐色，具条纹，有多数皮孔和半圆形的叶痕。叶椭圆状卵形，膜质，顶端锐尖，基部楔形或阔楔形，边缘波状，稍外折，背面有白粉。三歧聚伞式圆锥花序腋生或顶生；苞片 2 枚，微小，位于花序的基部，钻状披针形；花被 4 裂，裂片卵状三角形。核果长 1.0~1.2 cm；外果皮肉质多汁，成熟时深紫红色至紫黑色；内果皮具纵棱 3~4 条。花期 5—6 月；果期 7—9 月。

花粉形态特征：花粉粒呈近球形，极轴长（34.90 ± 0.44）μm，赤道轴长（22.23 ± 0.15）μm，P/E 为 1.57。赤道面观为扁圆形，极面观为三裂圆形。具 3 孔沟。外壁纹饰在光学显微镜下为穴状雕纹，花粉表面具有凹进去的穴。

生境与分布：原产太平洋岛屿，现以印度栽培最多。我国广东、台湾和海南有栽培。

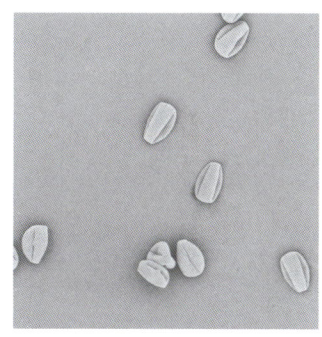

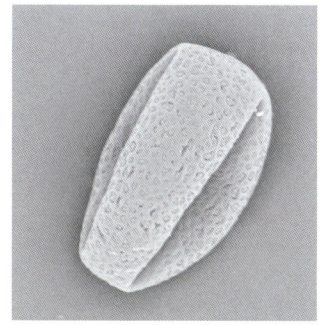

二十八　紫茉莉科 Nyctaginaceae

58. 叶子花
Bougainvillea spectabilis Willd.

别名：宝巾、簕杜鹃、三角梅。

植株特征：藤状灌木。枝、叶密生柔毛；刺腋生、下弯。叶片椭圆形或卵形，基部圆形，有柄。花序腋生或顶生；苞片椭圆状卵形，基部圆形至心形，暗红色或淡紫红色。果实长 1.0~1.5 cm，密生毛。花期冬春间。

花粉形态特征：花粉粒呈近球形，极轴长（27.83±1.01）μm，赤道轴长（25.87±0.81）μm，P/E 为 1.08。极面观呈三角形或近圆形，赤道面观呈近圆形。具 3 沟。外壁表面具网状雕纹，网脊窄，网眼中有少量颗粒。

生境与分布：原产于美洲热带地区。我国南方栽培供观赏。

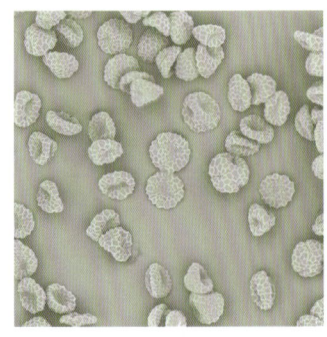
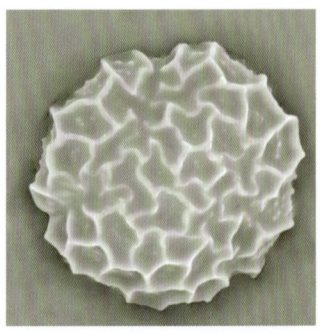

二十九 马齿苋科 Portulacaceae

59. 环翅马齿苋
Portulaca umbraticola Kunth

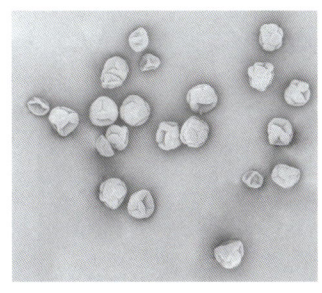

别名：阔叶半枝莲。

植株特征：一年至多年生草本。茎细弱，有棱，上下等粗。叶片扁平，肥厚，倒卵形，全缘。花大，直径比叶长，果期基部有环翅；花瓣5枚，黄色、白色、粉色、红色等，也有重瓣品种。蒴果。种子细小。花期5—8月；果期6—9月。

花粉形态特征：花粉粒呈近球形，极轴长（72.50±1.51）μm，赤道轴长（69.77±1.80）μm，P/E为1.04。赤道面观与极面观均为近圆形。该花粉多合体特征较明显，由12颗花粉单元组成。每个花粉单元外壁表面均具刺状纹饰。

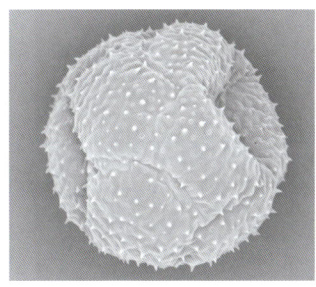

生境与分布：喜光照，喜湿润及阳光充足的环境。分布于美洲、西班牙、法国、意大利、中国、日本、越南、印度等地。我国海南经常栽培在路边。

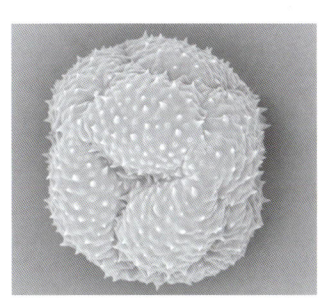

60. 马齿苋
Portulaca oleracea L.

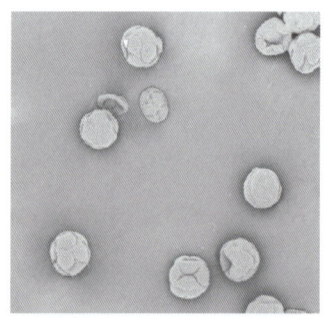

别名：马苋菜、马齿草、瓜子菜。

植株特征：一年生草本，全株无毛。茎平卧或斜倚，伏地铺散，多分枝，圆柱形。叶互生，有时近对生，叶片扁平，肥厚，倒卵形，似马齿状；顶端圆钝或平截，有时微凹，基部楔形，全缘，正面暗绿色，背面淡绿色或带暗红色，中脉微隆起。花瓣5枚，稀4枚，黄色，倒卵形。蒴果卵球形，盖裂。种子细小，多数，偏斜球形，黑褐色，有光泽。花期5—8月；果期6—9月。

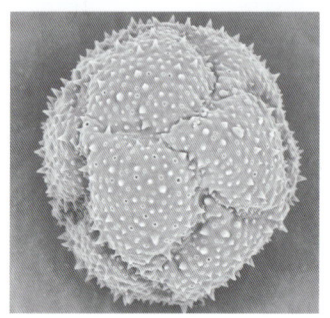

花粉形态特征：花粉粒呈球形，极轴长（75.13±3.81）μm，赤道轴长（73.20±4.42）μm，P/E为1.03。极面观呈近圆形，赤道面观呈近圆形。具不规则散沟。外壁表面具短刺状和穴状雕纹。

生境与分布：性喜肥沃土壤，耐旱亦耐涝，生活力强，生于菜园、农田、路旁，为田间常见杂草。我国南北各地均有生长。

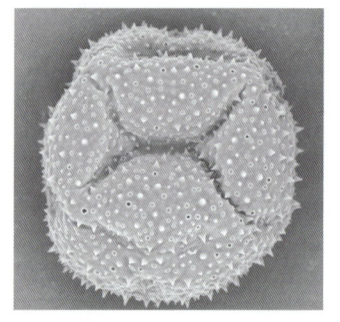

三十　仙人掌科 Cactaceae

61. 量天尺
Hylocereus undatus (Haw.) Britt. et Rose

别名：火龙果、霸王花、白肉火龙果。

植株特征：攀缘肉质灌木，长 3~15 m，具气根。分枝多数，延伸，具 3 角或棱，棱常翅状，边缘波状或圆齿状，深绿色至淡蓝绿色。花长度可达 30 厘米，白色，裂片带绿色；花瓣直立，形状为披针形；雄蕊多而细长，与花柱等长或较短；花柱粗，雌蕊的柱头裂片多达 24 枚。浆果红色，长球形；果脐小，果肉白色。种子倒卵形，黑色，种脐小。花期 7—12 月。

花粉形态特征：花粉粒呈近球形，极轴长（62.13±1.79）μm，赤道轴长（57.77±3.06）μm，P/E 为 1.08。赤道面观与极面观均为近圆形。具 3 沟，沟长达两极。外壁表面具清楚的刺状纹饰，刺间或具穴状雕纹。

生境与分布：气根攀缘于树干、岩石或墙上。我国于 1645 年引种，各地常见栽培，在福建南部、广东南部、海南、台湾及广西西南部逸为野生。

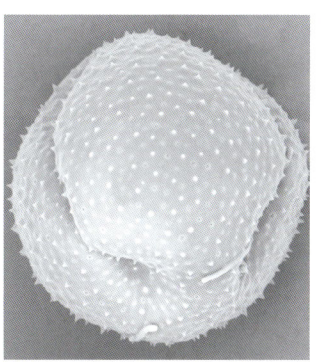
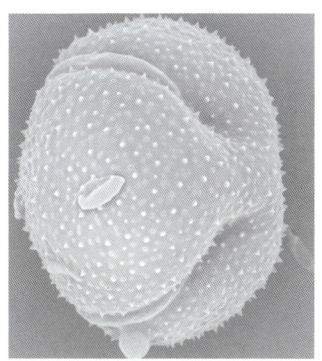
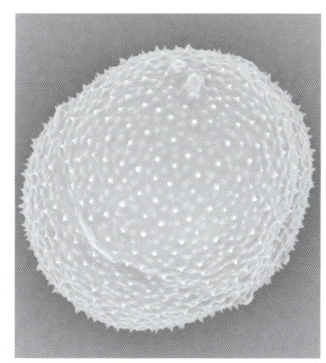

62. 大叶木麒麟
Pereskia grandifolia Haw.

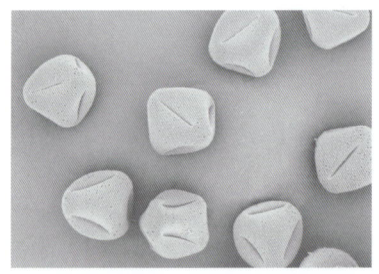

别名：白川玫瑰仙人掌。

植株特征：灌木或小乔木，2~5 m 高。叶片肉质，椭圆形或倒卵形到披针形；刺黑色或棕色。花顶生，花瓣粉红色。果实梨形；成熟后黄绿色或黄色。花期 1—3 月；果期 2—4 月。

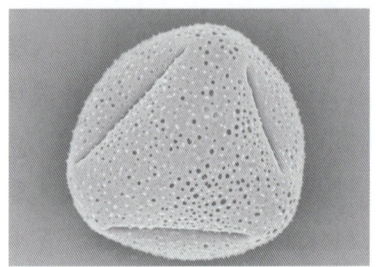

花粉形态特征：花粉粒呈立方体，轮廓四边形，极轴长（71.80±3.12）μm，赤道轴长（71.03±4.37）μm，P/E 为 1.01。赤道面观与极面观均呈四边形。具 6 散沟萌发区。外壁表面具短刺状纹饰，分布均匀，形状和大小基本一致；且外壁表面具穴状雕纹，分布均匀，形状和大小不一。

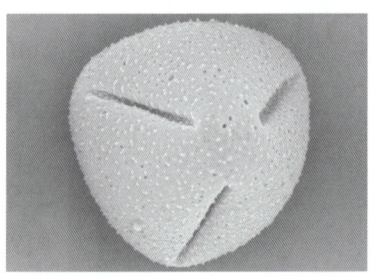

生境与分布：生于潮湿、排水良好的地区。原产于巴西潮湿的森林。福建、广东和海南有栽培。

三十一　山榄科 Sapotaceae

63. 星苹果
Chrysophyllum cainito L.

别名：金星果、牛奶果。

植株特征：乔木，高 20 m。叶散生，坚纸质，长圆形、卵形至倒卵形；幼时两面被锈色绢毛，老时叶腹面变无毛，略具光泽。花数朵簇生叶腋，被锈色或灰色绢毛；花冠黄白色，裂片 5 枚，卵圆形。果倒卵状球形，紫灰色，无毛。种子 4~8 颗，倒卵形；种皮坚纸质，紫黑色；疤痕倒披针形。花期 8—10 月；果期 12 月至翌年 5 月。

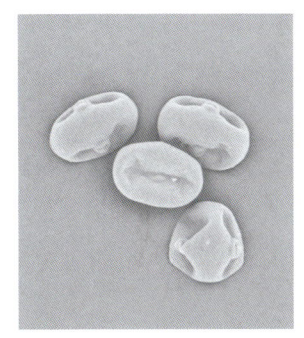

花粉形态特征：花粉粒呈长球形，极轴长（21.33 ± 0.12）μm，赤道轴长（13.47 ± 0.49）μm，P/E 为 1.58。赤道面观为椭圆形，极面观为近圆形。具 3 条内陷萌发沟，沟长达两极。

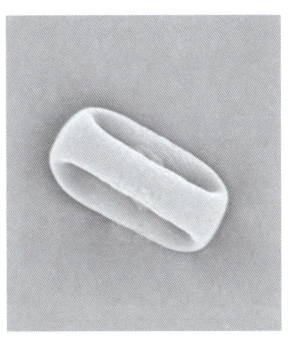

生境与分布：生于低至中海拔的潮湿林地。原产于加勒比海地区、西印度群岛。我国福建、广东、海南、台湾和云南（西双版纳）有少量栽培。

64. 蛋黄果
Pouteria campechiana (Kunth) Baehni

别名：蛋果、鸡蛋果、桃榄。

植株特征：小乔木，高约 6 m。叶坚纸质，狭椭圆形，两面无毛。花 8~12 朵聚生于叶腋；花冠裂片 4~6 枚，浅绿色。果倒卵形，成熟时蛋黄色，无毛；中果皮肉质，肥厚，蛋黄色，可食，味如鸡蛋黄。种子 1~2 颗，椭圆形；疤痕侧生，长圆形。花期春季；果期秋季。

花粉形态特征：花粉粒呈长球形，极轴长（45.60±3.42）μm，赤道轴长（35.77±2.27）μm，P/E 为 1.27。赤道面观呈椭圆形，极面观为三裂圆形。具 3 孔沟，萌发区间区凹陷。外壁表面具清楚的网状雕纹，网眼不规则，形状和大小不一，网脊表面平滑连续。

生境与分布：喜温暖多湿气候。原产于墨西哥、中美洲地区。我国广东、海南、台湾和云南有栽培。

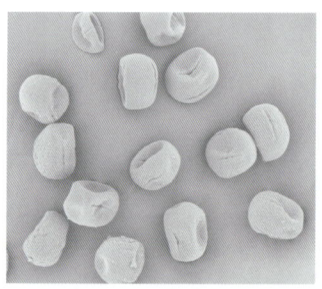
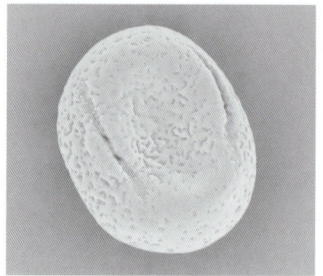
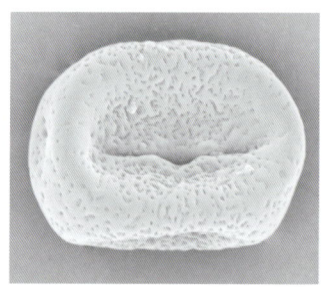

65. 神秘果
Synsepalum dulcificum Daniell

别名： 变味果、奇迹果、甜蜜果。

植株特征： 多年生常绿灌木，树高 3~5 m。单叶互生、近对生或对生，有时密聚于枝顶；革质，全缘。花单生或数朵簇生叶腋或老枝上；有时排列成聚伞花序，稀成总状或圆锥花序；两性，稀单性或杂性；辐射对称；花瓣白色。果为浆果，有时为核果状；果肉近果皮处有厚壁组织而成薄革质至骨质外皮。种子1颗，褐色。花期3—6月；果期4—9月。

花粉形态特征： 花粉粒呈椭球形，极轴长（21.23±0.42）μm，赤道轴长（17.73±1.03）μm，P/E 为 1.2。极面观呈近圆形，赤道面观呈近圆形。具4孔沟，沟长近两极。外壁表面具微穿孔状雕纹。

生境与分布： 原产于非洲中西部地区。我国福建、广东、广西、贵州、海南、四川等省区有栽培。

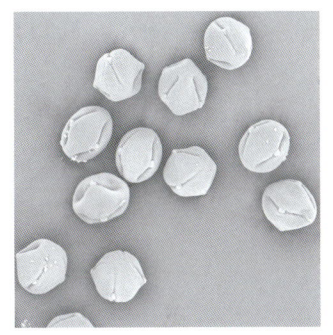

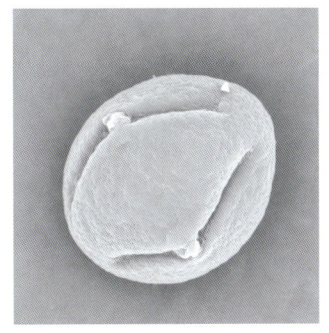

三十二 山茶科 Theaceae

66. 杜鹃叶山茶
Camellia azalea C. F. Wei

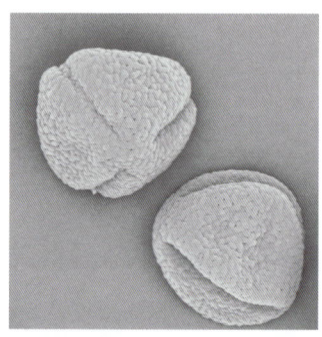

别名：杜鹃红山茶、假大头茶。

植株特征：灌木。嫩枝红色，无毛，老枝灰色。叶革质，倒卵状长圆形，有时长圆形；腹面干后深绿色，发亮，背面绿色，无毛；侧脉6~8对。花深红色，单生于枝顶叶腋；花瓣5~6枚，长倒卵形，外侧3枚较短。蒴果短纺锤形，有半宿存萼片；果爿木质，3爿裂开。每室有种子1~3颗。花期10—12月。

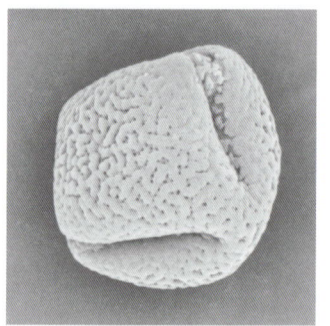

花粉形态特征：花粉粒呈球状，极轴长（32.17±1.65）μm，赤道轴长（31.43±3.93）μm，P/E为1.02。赤道面观与极面观均呈圆形或近三角形。具3条内陷萌发沟。外壁表面具蠕虫状穿孔纹饰。

生境与分布：原产于我国广东。海南有栽培。

67. 茶梅
Camellia sasanqua Thunb.

别名：茶梅花。

植株特征：小乔木，嫩枝有毛。叶革质，椭圆形；腹面干后深绿色，发亮，背面褐绿色，无毛；侧脉5~6对。花大小不一；苞及萼片6~7枚，被柔毛；花瓣6~7枚，阔倒卵形，近离生，大小不一。蒴果球形；1~3室，果爿3裂。种子褐色，无毛。

花粉形态特征：花粉粒呈近球形，极轴长（46.30±0.42）μm，赤道轴长（36.30±0.42）μm，P/E为1.28。赤道面观呈近圆形，极面观呈近三角形。具3沟，沟长达两极。外壁表面具蠕虫状不规则纹饰。

生境与分布：原产于日本。我国长江流域广泛栽培。

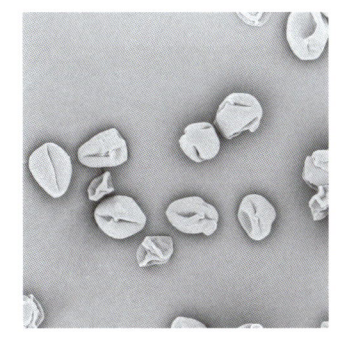
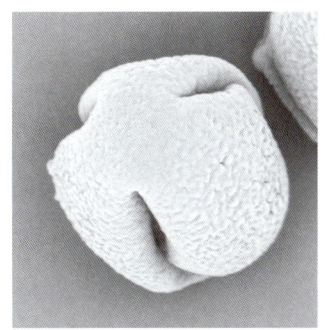

三十三　茜草科 Rubiaceae

68. 中粒咖啡
Coffea canephora Pierre ex Froehn.

别名：甘弗拉咖啡。

植株特征：小乔木或灌木，高 4~8 m。叶厚纸质，椭圆形、卵状长圆形或披针形；全缘或呈浅波形，两面无毛。聚伞花序 1~3 个，簇生于叶腋内，每个聚伞花序有花 3~6 朵，具极短的总花梗；花冠白色，罕有浅红色。浆果近球形，长和直径近相等；外果皮薄，有 2 条纵槽和极纤细的纵条纹。种子背面隆起，腹面平坦。花期 4—6 月；果期 10—12 月。

花粉形态特征：花粉粒呈近球形；极轴长（24.07±0.84）μm；赤道轴长（23.37±2.44）μm；P/E 为 1.03。赤道面观呈长圆形。具 3 沟，沟长达两级。外壁表面具有脑纹状雕纹。

生境与分布：在潮湿与温暖的热带地区种植。原产于非洲。我国广东、海南、云南等地有栽培。

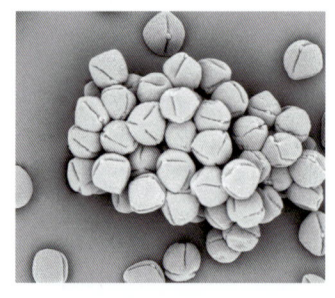
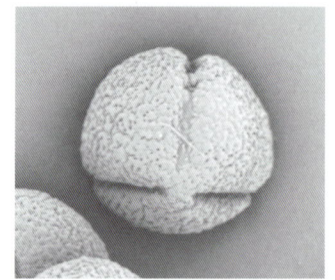
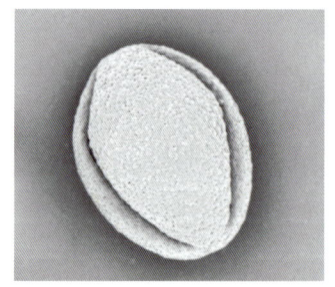

69. 白蟾
Gardenia jasminoides var. fortuneana (Lindley) H. Hara

别名：白蝉。

植株特征：常绿灌木，植株高达 2 m。叶对生或 3 叶轮生，叶片革质，长椭圆形或倒卵状披针形，为全缘；托叶通常连合成筒状包围小枝。花单生于枝端或叶腋，白色且芳香，花萼绿色，圆筒状，花冠高脚碟状。果黄色，卵状至长椭圆状。花期 5—7 月；果期 8—11 月。

花粉形态特征：花粉粒呈近球形，表面具不规则褶皱，极轴长（43.00±1.50）μm，赤道轴长（41.73±0.55）μm，P/E 为 1.03。萌发区间区凹陷。外壁表面具褶状雕纹。

生境与分布：生于旷野、丘陵、山谷、山坡、溪边的灌丛或林中。原产于我国和日本。我国中部以南各省区有栽培。

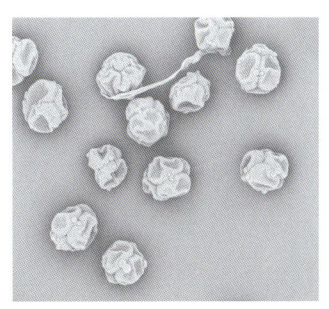

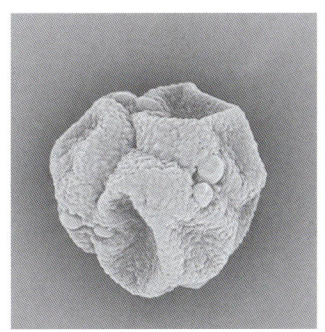

70. 龙船花
Ixora chinensis Lam.

别名：山丹、卖子木、蒋英木。

植株特征：灌木，高 0.8~2.0 m，无毛；小枝初时深褐色，有光泽，老时呈灰色，具线条。叶对生，有时由于节间距离极短几乎呈 4 枚轮生，披针形、长圆状披针形至长圆状倒披针形，顶端钝或圆形，基部短尖或圆形；侧脉每边 7~8 条。花序顶生，多花，具短总花梗；花冠红色或红黄色，顶部 4 裂，裂片倒卵形或近圆形，扩展或外翻。果近球形，双生，中间有 1 沟；成熟时红黑色。种子腹面凸，背面凹。花期 5—7 月。

花粉形态特征：花粉粒呈长球形，极轴长（33.27±2.00）μm，赤道轴长（18.63±0.76）μm，P/E 为 1.79。赤道面观呈长椭圆形。具 3 沟，沟长达两极。外壁表面具散布的穴状雕纹，大小不规则。

生境与分布：生于山地灌丛中和疏林下，有时村落附近的山坡、旷野和路旁亦有生长。产于我国福建、广东、香港、广西和海南。

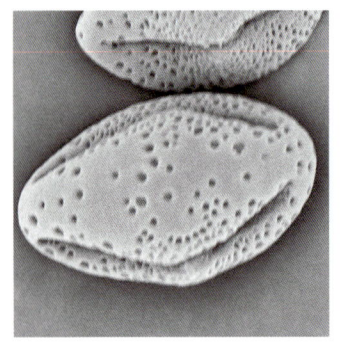 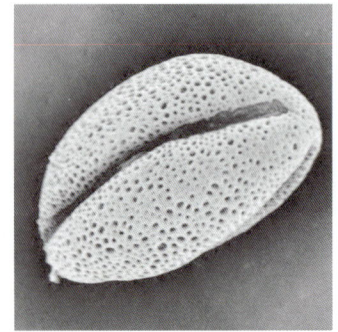 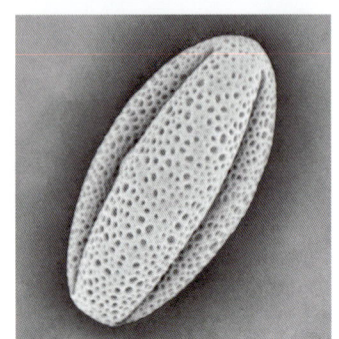

71. 海滨木巴戟
Morinda citrifolia L.

别名：诺丽果、海巴戟、海巴戟天。

植株特征：灌木或小乔木，高 1~5 m。叶交互对生，长圆形、椭圆形或卵圆形，全缘。头状花序每隔一节 1 个，与叶对生；花冠白色，漏斗形；喉部密被长柔毛，顶部 5 裂，裂片卵状披针形。聚花核果浆果状，卵形，幼时绿色，熟时白色。种子黑褐色。花果期全年。

花粉形态特征：花粉粒呈球形，极轴长（47.33±5.67）μm，赤道轴长（45.5±5.2）μm，P/E 为 1.04。赤道面观呈圆形，极面观为三裂圆形或近三角形。具 3 条内陷萌发沟，沟长达两极。外壁表面具清楚网状纹饰，形状不规则，网脊光滑连续。

生境与分布：生在海岸滩涂上或近海边灌丛中。产于我国海南及西沙群岛等地。

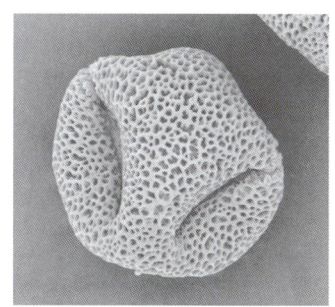 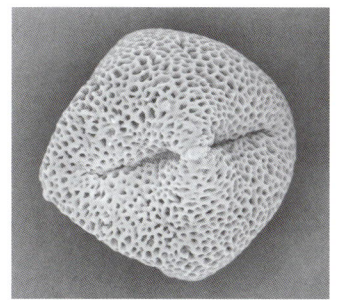 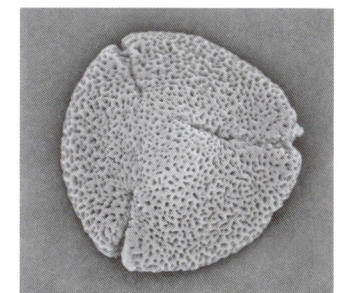

72. 玉叶金花
Mussaenda pubescens W. T. Aiton

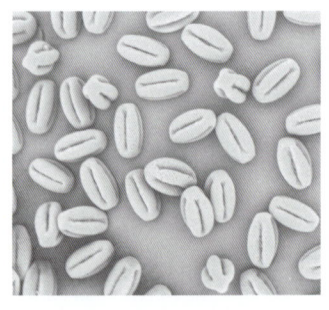

别名：良口茶、野白纸扇、灵仙玉叶金花。

植株特征：攀缘灌木，嫩枝被贴伏短柔毛。叶对生或轮生，膜质或薄纸质，卵状长圆形或卵状披针形，顶端渐尖，基部楔形，上面近无毛或疏被毛，下面密被短柔毛。聚伞花序顶生，密花；花叶阔椭圆形，有纵脉 5~7 条，顶端钝或短尖，基部狭窄；花冠黄色，外面被贴伏短柔毛，内面喉部密被棒形毛，花冠裂片长圆状披针形。浆果近球形，疏被柔毛，顶部有萼檐脱落后的环状疤痕，干时黑色。花期 6—7 月。

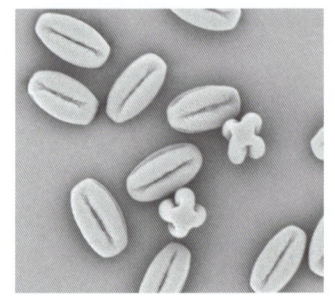

花粉形态特征：花粉粒呈长球形，极轴长（18.97±0.40）μm，赤道轴长（9.80±0.35）μm，P/E 为 1.94。赤道面观呈长圆形。具 4 沟，沟长达两级。外壁表面具有小孔。

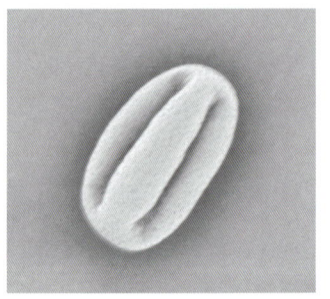

生境与分布：生于灌丛、溪谷、山坡或村旁。产于我国广东、香港、海南、广西、福建、湖南、江西、浙江和台湾。

73. 红纸扇
Mussaenda erythrophylla Schumach. et Thom.

别名：红叶金花。

植株特征：为多年生常绿灌木，植株高 1.5~2.0 m。叶宽卵圆形，亮绿色，中脉及侧脉密生红绒毛；叶背面灰绿色，全缘；托叶对生，线状，开叉。聚伞花序顶生，花筒红色，裂片黄色，萼片 5 枚；椭圆形，肥大如叶片状；萼片 10 cm 长，呈血红色，为主要观赏部位。花期从夏至秋；不结实。

花粉形态特征：花粉粒呈长球形，极轴长（17.83±0.38）μm，赤道轴长（10.50±0.35）μm，P/E 为 1.7。赤道面观呈椭圆形，极面观为四边形或十字形。具 4 条内陷萌发沟，沟长达两极。外壁表面具网穴状雕纹，网眼形状大小不一，网脊光滑连续。

生境与分布：喜光，喜高温多湿气候。原产于西非热带地区。我国海南有栽培。

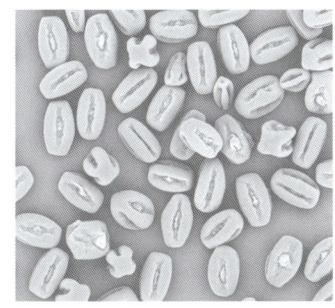
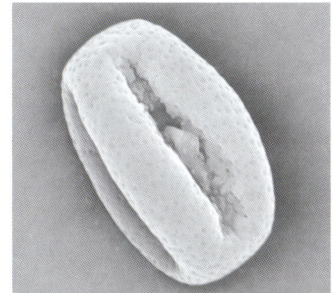
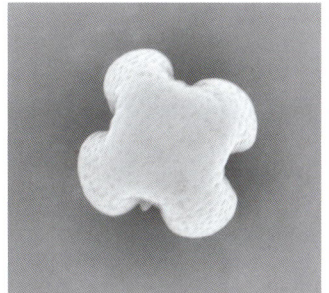

三十四　夹竹桃科 Apocynaceae

74. 长春花
Catharanthus roseus (L.) G. Don

别名：日日草、日日新、三万花。

植株特征：半灌木，略有分枝，高达60 cm。茎近方形，有条纹，灰绿色。叶膜质，倒卵状长圆形，先端浑圆，有短尖头，基部广楔形至楔形，渐狭而成叶柄；叶脉在腹面扁平，在背面略隆起，侧脉约8对。聚伞花序腋生或顶生，有花2~3朵；花冠红色，高脚碟状，花冠筒圆筒状，内面具疏柔毛，喉部紧缩，具刚毛；花冠裂片宽倒卵形。蓇葖双生，直立，平行或略叉开；外果皮厚纸质，有条纹，被柔毛。种子黑色，长圆状圆筒形，两端截形，具有颗粒状小瘤。花期、果期几乎全年。

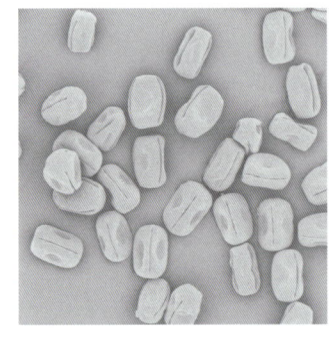

花粉形态特征：花粉粒呈长圆方形，极轴长（64.33 ± 3.11）μm，赤道轴长（40.10 ± 5.24）μm，P/E为1.6。赤道面观呈长方形。具3沟，沟两侧内凹。外壁表面具有穴状雕纹。

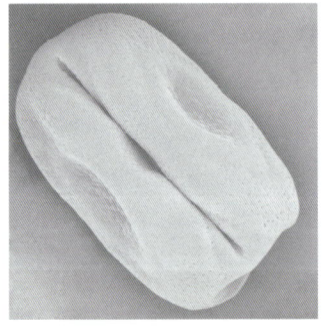

生境与分布：原产非洲东部，现栽培于热带和亚热带地区。我国栽培于西南、中南及华东等地区。

75. 鸡蛋花

Plumeria rubra L.

别名：红鸡蛋花。

植株特征：小乔木，高达 5 m。枝条粗壮，带肉质，无毛，具丰富乳汁。叶厚纸质，长圆状倒披针形，顶端急尖，基部狭楔形；叶腹面深绿色；中脉凹陷，侧脉扁平，叶背面浅绿色，中脉稍凸起，侧脉扁平，仅背面中脉边缘被柔毛，侧脉每边 30~40 条。聚伞花序顶生；花冠筒圆筒形；花冠裂片狭倒卵圆形或椭圆形。蓇葖双生，广歧，长圆形，顶端急尖。种子长圆形，扁平，浅棕色，顶端具长圆形膜质的翅，翅的边缘具不规则凹缺。花期3—9月；果期一般为7—12月，栽培植株极少结果。

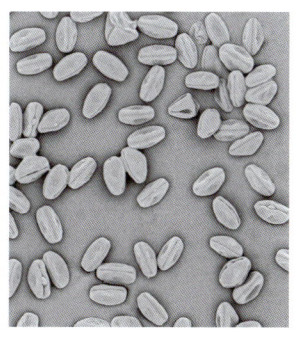

花粉形态特征：花粉粒呈长球形，极轴长（36.20±0.26）μm，赤道轴长（18.83±0.49）μm，P/E 为 1.92。赤道面观呈椭圆形，极面观呈近圆形。具 3 条内陷萌发沟，沟长达两极，萌发沟两侧有明显褶皱状凹陷。

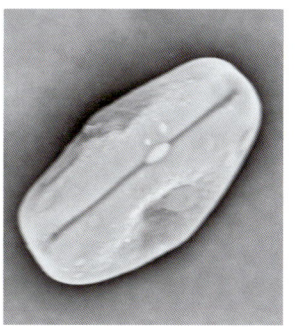

生境与分布：原产于南美洲，现广泛种植于亚洲热带和亚热带地区。我国南部有栽培，常见于公园及植物园栽培观赏。

三十五　旋花科 Convolvulaceae

76. 三裂叶薯
Ipomoea triloba L.

别名：小花假番薯、红花野牵牛。

植株特征：一年生草本，茎缠绕或平卧，无毛或茎节疏被柔毛。叶宽卵形或卵圆形，基部心形，全缘，具粗齿或3裂，无毛或疏被柔毛。伞形状聚伞花序，具1花至数花；花冠淡红或淡紫色，漏斗状。蒴果近球形，被细刚毛，2室，4瓣裂。

花粉形态特征：花粉粒呈球形，极轴长（86.97±4.38）μm，赤道轴长（77.17±3.07）μm，P/E为1.13。赤道面观与极面观均为圆形。外壁表面具清楚的刺状雕纹。

生境与分布：原产于美洲热带地区，现已成为热带地区的杂草。

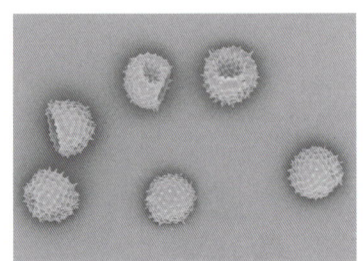
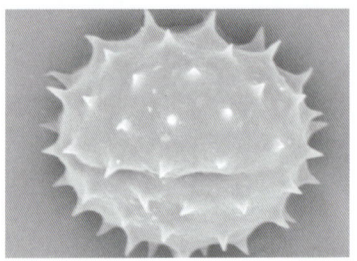
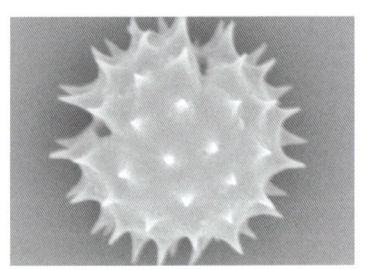

三十六　茄科 Solanaceae

77. 鸳鸯茉莉
Brunfelsia brasiliensis (Spreng.) L. B. Sm. & Downs

别名： 二色茉莉、番茉莉、双色茉莉。

植株特征： 常绿灌木，株高 1 m 左右。冠丛圆浑，分枝力强，幼枝上有长刺。单叶互生，矩圆形，全缘无齿。花单生或数朵组成聚伞花序，漏斗状，花被 5 瓣裂，状似梅花；初开时淡紫色，以后变成白色，在同一植株上有的先开有的后开，好似两色花同时开放，又具有茉莉花的香味，故名鸳鸯茉莉。冬春开花，花期较长，有时可从元旦开到 5 月上旬。

花粉形态特征： 花粉粒呈近长方形，极轴长（40.33 ± 6.38）μm，赤道轴长（28.37 ± 3.51）μm，P/E 为 1.42。赤道面观呈长方形。具 4 沟，沟长达两级。外壁表面具有脑纹状雕纹。

生境与分布： 性喜高温、高湿、阳光充足的环境。原产于中美洲及南美洲热带地区。我国华南、西南地区广为栽培。

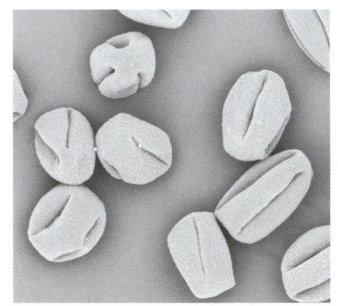
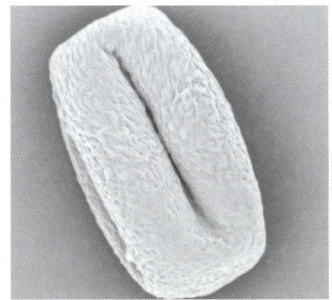
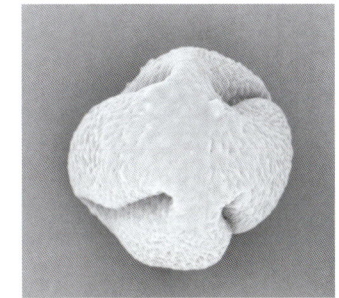

78. 紫花重瓣曼陀罗
Datura metel 'Fastuosa'

别名：曼陀罗。

植株特征：一年生直立草本，呈半灌木状，高 0.5~1.5 m，全体近无毛。茎基部稍木质化。叶卵形或广卵形，顶端渐尖，基部不对称圆形、截形或楔形；侧脉每边 4~6 条。花单生于枝杈间或叶腋；花萼筒状；裂片狭三角形或披针形，果时宿存部分增大成浅盘状；花冠长漏斗状，檐部筒中部之下较细，向上扩大呈喇叭状，裂片顶端有小尖头，白色、黄色或浅紫色，单瓣，在栽培类型中有 2 重瓣或 3 重瓣。蒴果近球状或扁球状，疏生粗短刺；不规则 4 瓣裂。种子淡褐色。花果期 3—12 月。

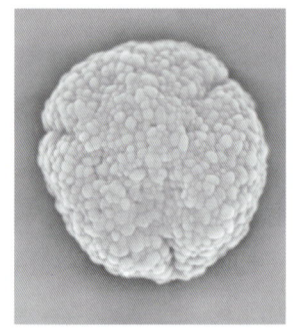

花粉形态特征：花粉粒呈近球形，极轴长（25.30 ± 3.99）μm，赤道轴长（24.9 ± 3.99）μm，P/E 为 1.02。赤道面观呈圆形。具 3 沟。外壁表面具有瘤状雕纹。

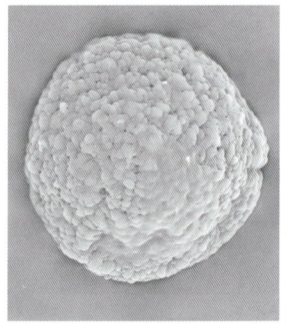

生境与分布：生于向阳的山坡草地或住宅旁。产于哥伦比亚、哥斯达黎加、洪都拉斯、墨西哥、巴拿马、美国。我国云南和海南有栽培。

79. 大花茄
Solanum wrightii Bentham

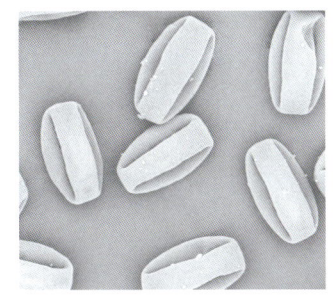

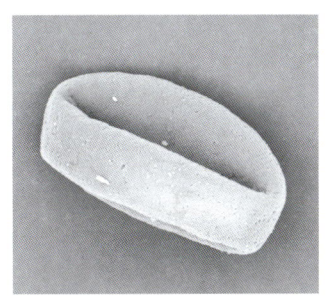

植株特征：乔木。小枝及叶柄具刚毛及星状分枝的硬毛或刚毛以及粗而直的皮刺。大叶片常羽状半裂，裂片为不规则的卵形或披针形，腹面粗糙，具刚毛状的单毛，背面被粗糙的星状毛。花非常大，组成二歧侧生的聚伞花序；密被刚毛，5深裂，裂片披针形，具有长钻状的尖；花冠宽5裂，每个裂片外面中部披针形部分被毛，内面中间部分宽而光滑。

花粉形态特征：花粉粒呈长球形，极轴长（31.17±1.12）μm，赤道轴长（17.57±0.29）μm，P/E为1.77。赤道面观呈椭圆形，极面观均为三裂圆形。具3条内陷萌发沟，沟长达两极。外壁表面具微小孔状纹饰，分布较均匀，形状和大小不一。

生境与分布：原产于南美洲玻利维亚至巴西，现热带、亚热带地区广泛栽培。我国广东、云南和海南有栽培。

三十七　车前科 Plantaginaceae

80. 爆仗竹
Russelia equisetiformis Schltdl. & Cham.

别名：吉祥草、炮仗竹、爆仗花。

植株特征：直立半灌木，高可达 1 m，全体无毛。茎分枝轮生，细长，具棱。叶轮生，退化为披针形的鳞片。聚伞圆锥花序狭长；苞片钻形；花冠红色，具长筒，不明显唇形。蒴果球形，室间开裂。在温暖适宜的地方，全年有花。

花粉形态特征：花粉粒呈长球形，极轴长（25.27 ± 0.32）μm，赤道轴长（12.60 ± 0.26）μm，P/E 为 2.01。赤道面观呈椭圆形，极面观呈近圆形。具 3 沟，沟长达两极，沟界极区小。外壁表面具穿孔纹饰，微网状不规则。

生境与分布：性喜温暖、阳光充足的环境，具有阳光越好则开花越好的习性。原产于北美洲墨西哥热带地区。我国广东、福建和海南庭园有栽培。

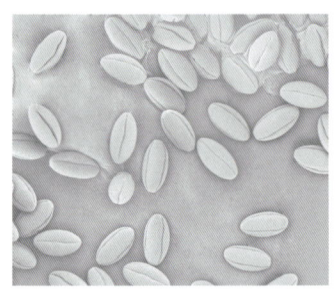
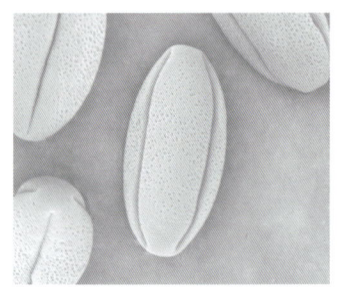
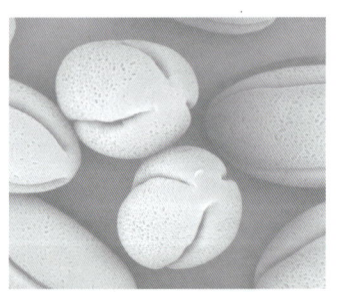

三十八　母草科 Linderniaceae

81. 蓝猪耳
Torenia fournieri Linden. ex Fourn.

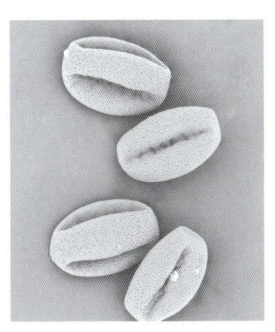

别名：夏堇、兰猪耳。

植株特征：直立草本，高 15~50 cm。茎几乎无毛，具 4 窄棱。叶片长卵形或卵形，几乎无毛，先端略尖或短渐尖，基部楔形，边缘具带短尖的粗锯齿。通常在枝的顶端排列成总状花序；苞片条形；绿色或顶部与边缘略带紫红色。果实成熟时，翅宽可达 3 mm；萼齿 2 枚，三角形，彼此近乎相等，有时齿端稍开裂；花冠筒淡青紫色，背黄色；上唇直立，浅蓝色，宽倒卵形，顶端微凹；下唇裂片矩圆形或近圆形，彼此几乎相等。蒴果长椭圆形。种子小，黄色，圆球形或扁圆球形，表面有细小的凹窝。花果期 6—12 月。

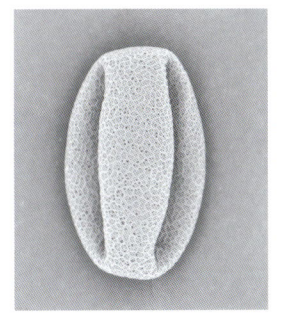

花粉形态特征：花粉粒呈长球形，极轴长（38.70 ± 0.56）μm，赤道轴长（24.83 ± 0.50）μm，P/E 为 1.56。赤道面观呈椭圆形，极面观为三裂圆形。具 3 条内陷萌发沟，沟长达两级。外壁表面具清楚的复网状纹饰，网眼分布不均匀，形状和大小不一，网脊表面平滑连续。

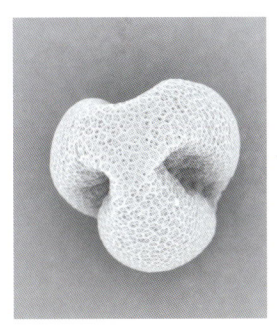

生境与分布：种植于路旁，在田野或旷野草地偶有逸生。原产于越南，我国南方常见栽培。

三十九　爵床科 Acanthaceae

82. 赤苞花
Megaskepasma erythrochlamys Lindau

别名：红苞花。

植株特征：常绿小灌木，高可达 3~4 m。叶浅绿色；对生；叶脉明显；宽椭圆形。花序顶生；苞片由深粉色到红紫色不等，二唇状的白色花冠通常早凋，但赤红色苞片花后宿存，可维持长达 2 个月而不脱落，层层迭起，颜色鲜艳，较花朵本身更具观赏价值。果实棍棒状。种子 4 颗。花期 8—12 月。

花粉形态特征：花粉粒内折，呈杯状。极轴长（30.60 ± 6.25）μm，赤道轴长（74.93 ± 6.68）μm，P/E 为 0.41。赤道面观呈椭圆形，极面观呈近圆形。花粉粒表面具孤立的岛状纹饰，分布均匀，形状和大小基本一致。"岛"与"岛"之间有微小棒状突起。

生境与分布：原产于萨尔瓦多、洪都拉斯、尼加拉瓜、哥斯达黎加、巴拿马、苏里南和委内瑞拉的多雨森林地带。我国云南、广东和海南有少量引种栽培。

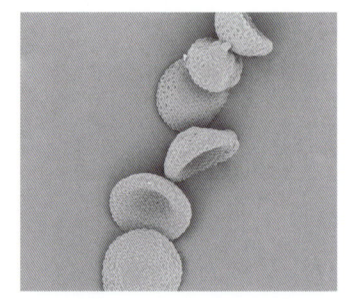

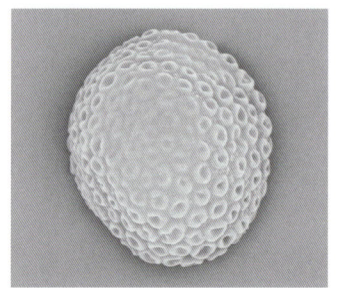

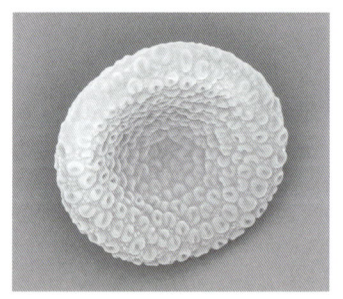

83. 金苞花
Pachystachys lutea Nees

别名：黄虾花、黄虾衣花。

植株特征：常绿草本。叶长圆形或披针形，有光泽，先端渐尖，基部通常楔形，背面主脉被微柔毛，几乎无柄。顶生穗状花序由密、短的总花梗组成；苞片膜质，卵形，下部的近心形，锐尖，排成4行。小苞片披针形或匙形，与花萼等长，锐尖，先端具微齿；花冠黄色，艳丽。花期4—8月；果期7—11月。

花粉形态特征：花粉粒呈长球形，极轴长（69.07±1.15）μm，赤道轴长（45.00±1.35）μm，P/E为1.53。赤道面观为椭圆形，极面观为圆形。外壁表面具网状纹饰，萌发区两侧网脊排列成线形。

生境与分布：原产于美洲热带地区。我国海南有栽培供观赏。

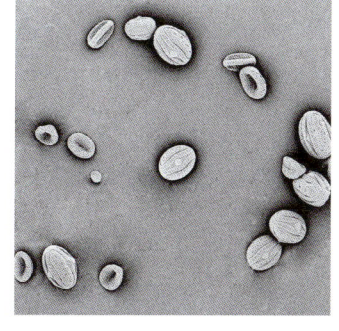 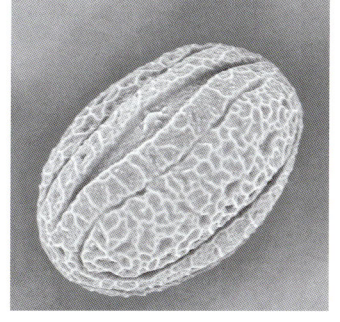 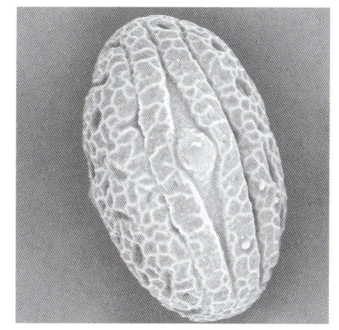

84. 紫云杜鹃
Pseuderanthemum laxiflorum (Vahl) B. Hansen

别名：大花钩粉草、紫云花。

植株特征：常绿灌木，株高 20~50 cm。叶对生，长椭圆状披针形，全缘。花冠长筒状，先端 5 裂，紫红色。夏秋季开花。

花粉形态特征：花粉粒呈长球形，极轴长（54.97±5.57）μm，赤道轴长（40.57±3.32）μm，P/E 为 1.35。赤道面观呈椭圆形，极面观为圆形。外壁表面具有脑纹状雕纹。

生境与分布：性喜高温、湿润。原产于南美洲、亚洲热带地区。我国海南有栽培。

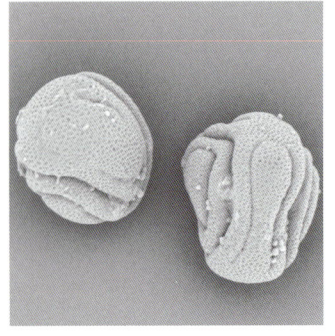 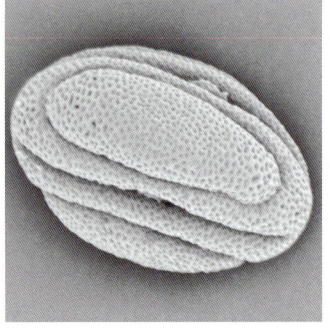 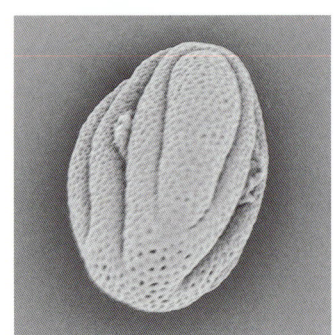

85. 火焰芦莉
Ruellia chartacea (T. Anderson) Wassh.

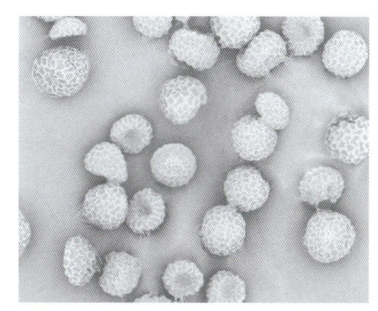

别名： 双色芦莉。

植株特征： 常绿灌木或多年生草本植物，株高可达 15 m。椭圆形叶对生，叶面深绿且光亮；近枝端的叶片，开花时会逐渐转变成橘红色的苞片。穗状花序自茎端开出，有红色覆瓦状排列的卵形苞片，橘色喇叭形花，花冠歪斜，花冠 5 裂，裂片会卷曲。常年开花。

花粉形态特征： 花粉粒内折，呈杯状，极轴长（33.70 ± 2.88）μm，赤道轴长（78.73 ± 2.91）μm，P/E 为 0.43。赤道面观呈椭圆形，极面观呈近圆形。花粉粒表面具不规则脊和脊腔。

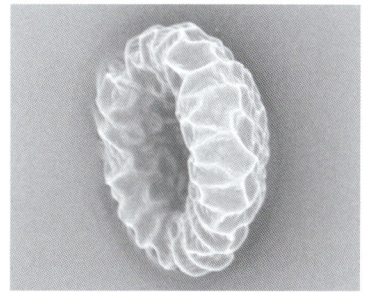

生境与分布： 原产于南美洲巴西、哥伦比亚、秘鲁、厄瓜多尔等热带地区。我国海南有栽培。

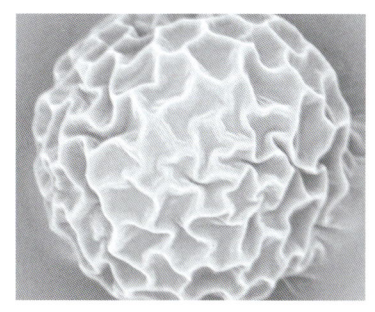

86. 大花芦莉
Ruellia elegans Poir.

别名：艳芦莉、红花芦莉。

植株特征：多年生草本常绿灌木植物。叶椭圆状披针形或长卵圆形、绿色、微卷、对生，先端渐尖，基部楔形。花腋生，花冠筒状，呈鲜红色或桃红色。花期为夏秋两季，热带地区全年可有花。

花粉形态特征：花粉粒内折，呈杯状。极轴长（36.4±1.5）μm，赤道轴长（67.23±3.61）μm，P/E 为 0.54。赤道面观呈椭圆形，极面观呈近圆形。外壁表面具不规则脊，不连续，脊腔内部有短棒状突起。

生境与分布：喜光照，但在半阴条件也能生长。原产于巴西等南美洲热带地区。我国华南和东南等热带、亚热带地区有引种栽培。

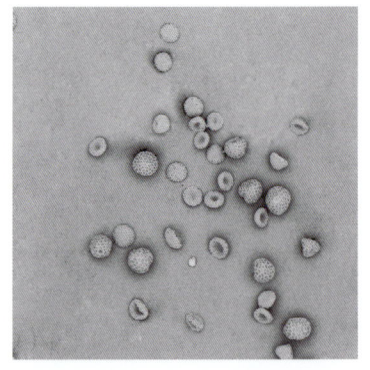

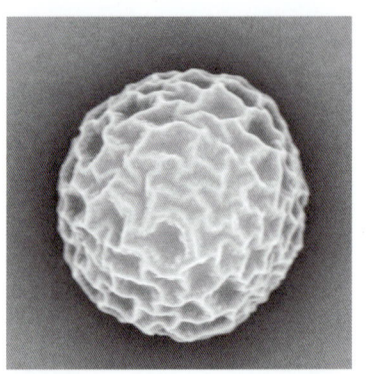

87. 蓝花草
Ruellia simplex C. Wright

别名：翠芦莉、兰花草、狭叶芦莉草。

植株特征：多年生草本植物。叶片线状披针形，全缘或边缘具疏锯齿。总状花序数个组成圆锥花序，花腋生，花冠漏斗状，紫色、粉色或白色，具放射状条纹，细波浪状。果实为长形蒴果，先为绿色，成熟后为褐色，蒴果成熟后裂开，散出细小如粉末的种子。花期3—10月；果期7月至翌年2月。

花粉形态特征：花粉粒呈球形，极轴长（74.90±4.92）μm，赤道轴长（72.23±4.30）μm，P/E 为 1.04。赤道面观与极面观为圆形。外壁表面具明显脊和脊腔。

生境与分布：喜光照，耐半阴。原产于北美洲墨西哥，现热带地区广泛栽培。我国台湾、福建、广东、香港、海南和广西有种植。

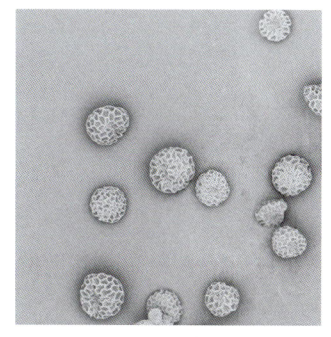
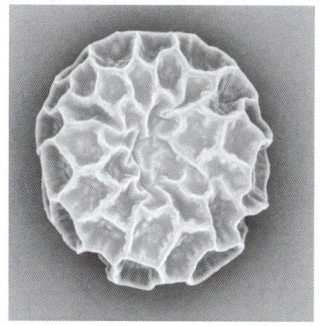

88. 糯米香
Strobilanthes tonkinensis Lindau

别名：糯米香草。

植株特征：草本，高 0.5~1.0 m。枝四棱形，被短糙状毛，后变无毛，植株干时发出糯米香气。叶对生，常不等大；叶片椭圆形、长椭圆形或卵形，先端急尖，基部楔形下延或偶有圆形，两面疏被短糙状毛。穗状花序单生，顶生或腋生；花序轴被柔毛及腺毛；苞片线状匙形，两面疏被短柔毛及白色小凸起，边缘被柔毛及腺毛，1 脉；小苞片线形，两面被短柔毛；萼片 5 枚，近相等；花冠新鲜时白色，干后粉红色或紫色，外面无毛。蒴果圆柱形，先端急尖，被短腺毛，两爿片开裂时向外反卷。种子椭圆形。花期 2—5 月。

花粉形态特征：花粉粒呈超长球形，极轴长（95.37 ± 0.67）μm，赤道轴长（34.07 ± 1.78）μm，P/E 为 2.56。极面观呈近圆形，赤道面观呈长椭圆形，表面具数条假沟，假沟长达极区，沟间区呈肋条带状。外壁具网状雕纹。

生境与分布：喜温暖湿润气候，常生于林边草地。分布于我国云南勐腊县，海南有栽培。

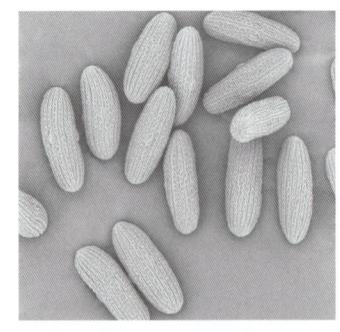
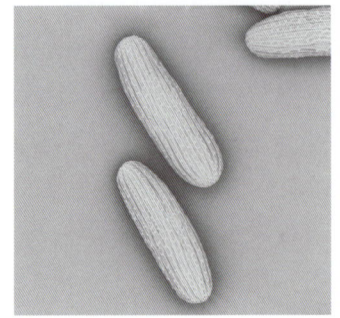
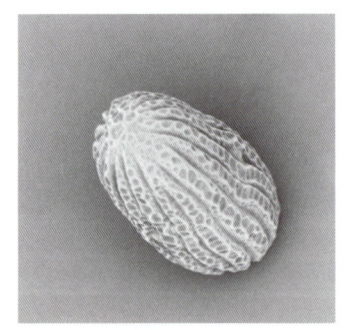

89. 直立山牵牛
Thunbergia erecta (Benth.) T. Anders

别名：硬枝老鸦嘴、立鹤花。

植株特征：直立灌木，高达 2 m。茎四棱形，多分枝，初被稀疏柔毛，不久脱落成无毛，仅节处叶腋的分枝基部被黄褐色柔毛。叶片近革质，卵形至卵状披针形，有时菱形，先端渐尖，基部楔形至圆形，边缘具波状齿或不明显 3 裂，两面近无毛或无毛，有时沿主肋及侧脉有稀疏短糙伏毛，羽状脉，侧脉 2~3，两面凸起，背面略明显。花单生于叶腋，无毛，花后延伸；小苞片白色，长圆形；花冠管白色，喉黄色，冠檐紫堇色，内面散布有小圆透明凸起。蒴果无毛。在海南常年开花。

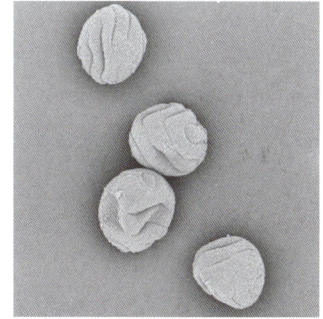

花粉形态特征：花粉粒呈近球形，极轴长（86.63 ± 2.47）μm，赤道轴长（84.13 ± 4.85）μm，P/E 为 1.03。赤道面观呈圆形，具合沟。外壁表面具有颗粒状雕纹。

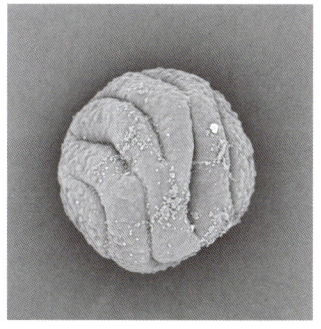

生境与分布：原产于非洲西部热带地区，各地栽培为观赏植物。我国海南有栽培。

90. 山牵牛
Thunbergia grandiflora (Rottl. ex Willd .) Roxb.

别名：大花邓伯花、大花老鸦嘴、长黄毛山牵牛。

植株特征：攀缘灌木。分枝较多，小枝条梢四棱形，后逐渐复圆形，初密被柔毛。叶具柄，被侧生柔毛；叶片卵形、宽卵形至心形，先端急尖至锐尖，有时有短尖头或钝，边缘有 2(4) ~6(8) 枚宽三角形裂片，两面干时棕褐色，背面颜色较浅，腹面被柔毛，毛基部常膨大而使叶面呈粗糙状，背面密被柔毛；通常5~7脉。花在叶腋单生或成顶生总状花序，苞片小，卵形，先端具短尖头，被短柔毛，花梗上部连同小苞片下部有巢状腺形；小苞片2枚，长圆卵形，先端渐尖，外面及内面先端被短柔毛，边缘甚密，内面无毛，远轴面粘合在一起；冠檐蓝紫色，裂片圆形或宽卵形，先端常微缺。蒴果被短柔毛。

花粉形态特征：花粉粒呈近球形，极轴长（72.30 ± 4.07）μm，赤道轴长（75.03 ± 5.60）μm，P/E 为 0.96。赤道面观呈圆形，具合沟。外壁表面具有瘤状雕纹。

生境与分布：通常生长在山地灌丛。产于我国广西、广东和海南，印度及中南半岛有分布。世界热带地区植物园均有栽培。

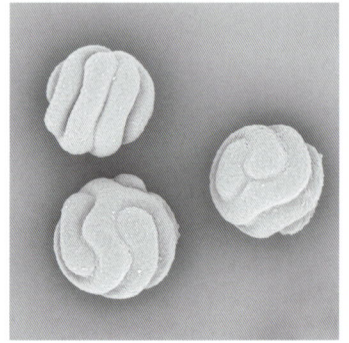

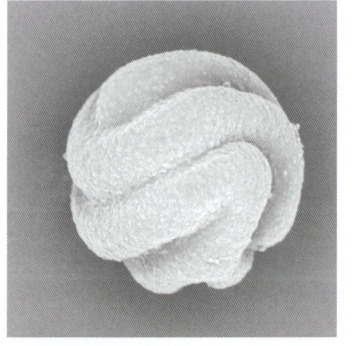

四十　紫葳科 Bignoniaceae

91. 食用蜡烛树
Parmentiera aculeata (Kunth) Seem.

植株特征：灌木或小乔木，高 7~10 m。树干直立，细枝有刺。三出复叶，对生，总柄上有翅，小叶长椭圆形或卵状椭圆形。花萼佛焰苞状开裂；花冠钟状，乳白色，略带浅绿，先端皱曲。果实为肉质浆果，呈圆柱形，纵肋突出；成熟后红黄色。种子圆形扁平。花期 1—3 月；果期 2—5 月。

花粉形态特征：花粉呈长球形，极轴长（43.60±5.66）μm，赤道轴长（25.33±1.29）μm，P/E 为 1.72。极面观呈三裂圆形，赤道面观呈椭圆形。具 3 沟，沟窄长，两端近两极，边缘整齐。外壁表面具网状雕纹，网眼向极区减小。

生境与分布：喜生于降水量多的森林中。产于伯利兹、哥斯达黎加、洪都拉斯、墨西哥、萨尔瓦多、危地马拉。我国广东（广州）、海南（万宁兴隆）有栽培。

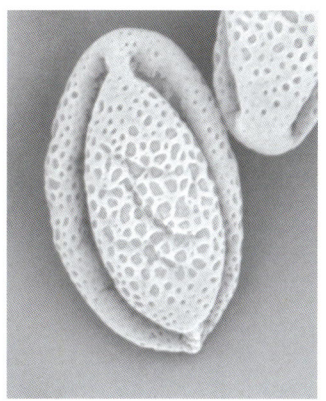

92. 火焰树
Spathodea campanulata Beauv.

别名：火焰木、火烧花、喷泉树、苞萼木。

植株特征：乔木，高 10 m。树皮平滑，灰褐色。奇数羽状复叶，对生；叶柄短，被微柔毛。伞房状总状花序，顶生，密集；花序轴被褐色微柔毛，具有明显的皮孔；苞片披针形；小苞片 2 枚。花萼佛焰苞状，外面被短绒毛，顶端外弯并开裂，基部全缘。花冠一侧膨大，基部紧缩成细筒状，檐部近钟状，橘红色，具紫红色斑点，内面有突起条纹，裂片 5 枚，阔卵形，不等大，具纵褶纹。蒴果黑褐色。种子具周翅，近圆形。花期 4—5 月。

花粉形态特征：花粉粒呈长球形，极轴长（56.17 ± 1.50）μm，赤道轴长（27.27 ± 0.61）μm，P/E 为 2.06。赤道面观呈椭圆形，极面观呈近圆形。具 3 沟，沟长达两极。外壁表面具网穴状纹饰，网眼形状和大小不一，网脊光滑。

生境与分布：原产于非洲，现广泛栽培于印度、斯里兰卡。我国广东、福建、台湾、云南（西双版纳）和海南均有栽培。海南大多数街道用火焰树作为风景观赏树种。

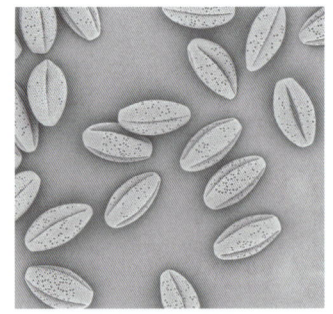

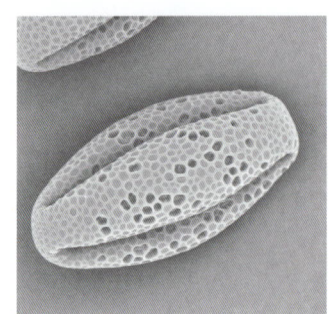

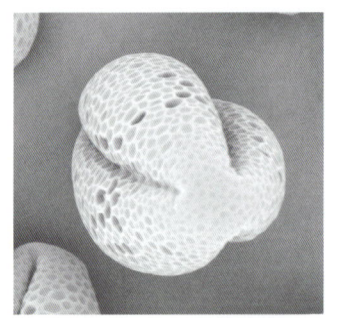

93. 黄钟花
Tecoma stans (L.) Juss. ex Kunth

别名：黄钟树。

植株特征：常绿灌木或小乔木，高 4~10 m。嫩枝光滑无毛，绿色，随着生长转变为棕褐色或略带红色。叶对生，奇数羽状复叶。花顶生，总状花序，两性花。蒴果长柱形，表面有稀疏的小突点。种子每端有翅。

花粉形态特征：花粉粒呈长球形，极轴长（50.67 ± 2.64）μm，赤道轴长（28.13 ± 2.97）μm，P/E 为 1.8。赤道面观呈椭圆形，极面观为近圆形。具 3 条内陷萌发沟，沟长达两极。外壁表面具清楚的网穴状纹饰，网眼形状和大小不一，网脊光滑连续。

生境与分布：喜光，喜高温湿润气候。原产于南美洲和西印度群岛。1962 年我国华南国家植物园从非洲引进，我国华南地区各地均有栽培。

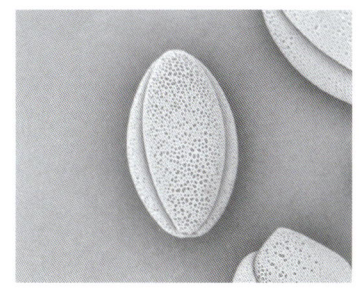
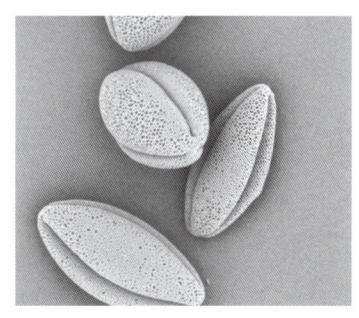

四十一　马鞭草科 Verbenaceae

94. 假连翘
Duranta erecta L.

别名：金露华、金露花、篱笆树。

植株特征：灌木，高 1.5~3.0 m。枝条有皮刺，幼枝有柔毛。叶对生，少有轮生，叶片卵状椭圆形或卵状披针形，纸质，顶端短尖或钝，基部楔形，全缘或中部以上有锯齿，有柔毛。总状花序顶生或腋生，常排成圆锥状；花萼管状，有毛，5裂，有5棱；花冠通常蓝紫色。核果球形，无毛，有光泽；熟时红黄色，有增大宿存花萼包围。花果期5—10月，在我国南方可为全年。

花粉形态特征：花粉粒呈长球形，极轴长（37.40±7.07）μm，赤道轴长（21.25±2.76）μm，P/E 为 1.76。赤道面观为椭圆形或近四边形，极面观为近圆形。具3条内陷萌发沟，沟长达两极。外壁表面具清楚的微孔状纹饰。

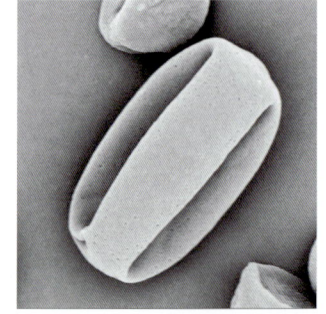

生境与分布：原产于美洲热带地区。我国南部常见栽培，常逸为野生。

四十二　唇形科 Lamiaceae

95. 赪桐
Clerodendrum japonicum (Thunb.) Sweet

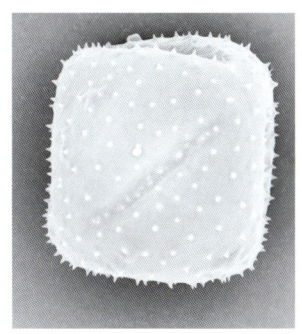

别名：龙船花、荷包花、状元红。

植株特征：灌木，高 1~4 m。小枝四棱形，干后有较深的沟槽，老枝近于无毛或被短柔毛，同对叶柄之间密被长柔毛，枝干后不中空。叶片圆心形，顶端尖或渐尖，基部心形，边缘有疏短尖齿，表面疏生伏毛，脉基具较密的锈褐色短柔毛，背面密具锈黄色盾形腺体，脉上有疏短柔毛。二歧聚伞花序组成顶生、大而开展的圆锥花序，花序的最后侧枝呈总状花序；花冠红色，稀白色。果实椭圆状球形，绿色或蓝黑色，常分裂成 2~4 个分核，宿萼增大，初包被果实，后向外反折呈星状。花果期 5—11 月。

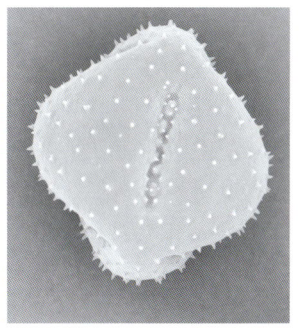

花粉形态特征：花粉呈立方体，轮廓四边形，极轴长（52.73±1.78）μm，赤道轴长（52.80±1.05）μm，P/E 为 1.00。赤道面观与极面观均呈四边形。具 4 孔沟。外壁表面有刺状突起，分布均匀，形状和大小一致。

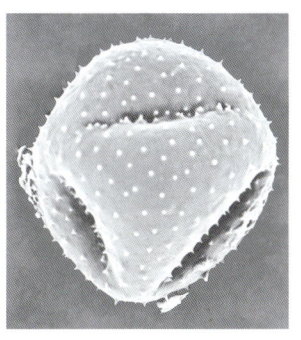

生境与分布：通常生于平原、山谷、溪边、疏林中，或栽培于庭园。产于我国江苏、浙江南部、江西南部、湖南、福建、台湾、广东、广西、海南、四川、贵州、云南。中南半岛、印度东北部、孟加拉国、不丹、日本等地区有分布。

96. 烟火树
Clerodendrum quadriloculare (Blanco) Merr.

别名： 星烁山茉莉、烟火木。

植株特征： 常绿灌木或小乔木，株高可达 4 m。幼枝方形，墨绿色。叶对生，长椭圆形或披针形，先端尖，全缘或波状缘；纸质，叶背暗紫红色。聚伞状圆锥花序，顶生，小花多数，聚生成团，花冠长筒形，紫红色，先端 4~5 裂，白色。浆果状核果，种子长圆形，无胚乳。3 月上旬花期过后就迅速落叶，4 月中旬又迅速长出紫红色的新叶，长势快；从 6 月一直开花至 11 月，花期长达半年之久。

花粉形态特征： 花粉粒呈扁圆形到球形，极轴长（83.5±6.0）μm，赤道轴长（56.50±4.68）μm，P/E 为 1.35。赤道面观呈椭圆形。外壁表面具有刺状雕纹。

生境与分布： 性喜高温、湿润、向阳至阴蔽之地。原产于菲律宾热带地区，全球热带地区均有引种栽培。我国广东、云南和海南有引种栽培。

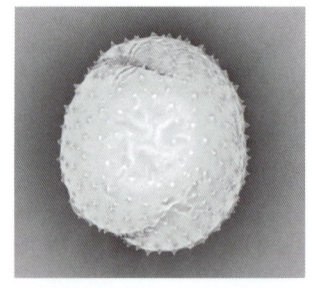
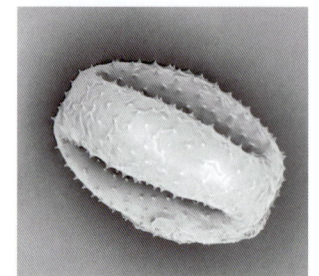
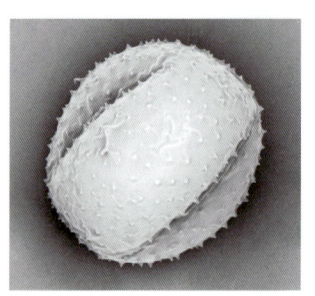

97. 红萼龙吐珠
Clerodendrum speciosum W. Bull

植株特征： 多年生常绿缠绕类藤本植物。小枝绿紫色。叶对生，纸质，叶面暗绿色，叶背浅绿色；长卵形或卵状椭圆形，长10~15 cm，全缘，先端渐尖，基部圆钝至近心形。聚伞花序成圆锥状，腋生或顶生，多花，小花密生；花冠鲜红色卵形，5瓣，花冠筒长约2.5 cm，雌雄芯细长，突出花冠外，花丝常白色，花药带紫色；花萼紫红色，萼片卵三角形，3枚。球形的核果藏于留存的花萼内。种子4颗，黑色。观赏期为全年，1—3月观赏花萼，4月开始长新花苞，盛花期9—12月。

花粉形态特征： 花粉粒呈长球形，极轴长（59.90±4.59）μm，赤道轴长（41.80±4.95）μm，P/E为1.43。赤道面观呈椭圆形，极面观为三裂圆形或近三角形。具3条内陷萌发沟，沟长达两极。外壁表面具清楚刺状纹饰，形状、大小较规则。

生境与分布： 喜高温湿润环境。原产于非洲。我国南方地区有引种栽培。

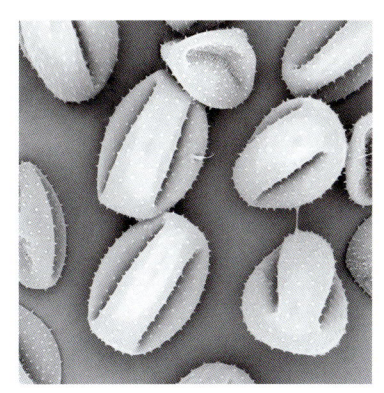

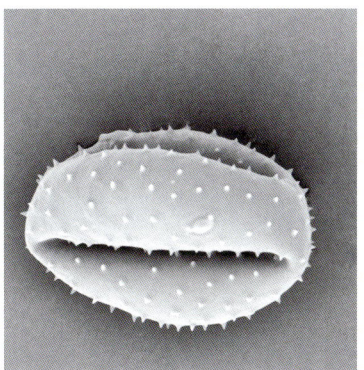

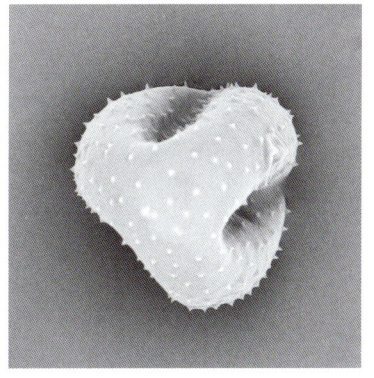

98. 罗勒
Ocimum basilicum L.

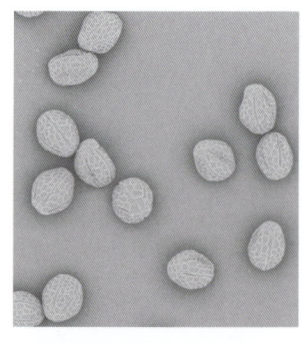

别名： 小叶薄荷、千层塔、九重塔、香菜、金不换。

植株特征： 一年生草本，高 20~80 cm。具圆锥形主根及自其上生出的密集须根。茎直立，钝四棱形，上部微具槽，基部无毛，上部被倒向微柔毛，绿色，常染有红色，多分枝。叶卵圆形至卵圆状长圆形，先端微钝或急尖，基部渐狭，边缘具不规则齿或近于全缘，两面近无毛，下面具腺点，侧脉 3~4 对，与中脉在上面平坦下面明显。总状花序顶生于茎、枝上，各部均被微柔毛，由多数具 6 花交互对生的轮伞花序组成，下部的轮伞花序远离；花冠淡紫色，或上唇白色下唇紫红色，伸出花萼，外面在唇片上被微柔毛，内面无毛，冠筒内藏。小坚果卵珠形，黑褐色，有具腺的穴陷，基部有 1 白色果脐。花期通常 7—9 月；果期 9—12 月。

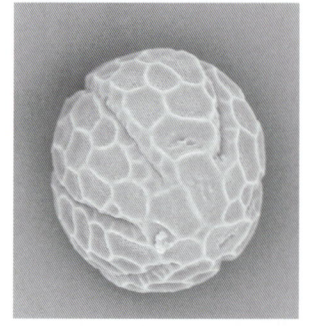

花粉形态特征： 花粉粒呈球形或近球形，极轴长（52.47 ± 5.20）μm，赤道轴长（43.90 ± 2.51）μm，P/E 为 1.2。极面观呈近圆形，赤道面观呈近圆形。具 6 沟，沟边沿不平整，表面具网状纹，网脊窄，网眼中有微穿孔纹饰。

生境与分布： 喜温暖湿润气候。原产于非洲、美洲及亚洲热带地区。我国海南有栽培。

四十三　菊科 Asteraceae

99. 白花鬼针草
Bidens pilosa L.

别名：狼把草、白花鬼针草。

植株特征：一年生草本，高 30~100 cm。茎直立，钝四棱形。茎下部叶较小，3 裂或不分裂；小叶 3 枚，很少为具 5 (7) 枚小叶的羽状复叶，两侧小叶椭圆形或卵状椭圆形。头状花序。瘦果黑色，条形，略扁，具棱。

花粉形态特征：花粉粒呈球形，极轴长（21.80 ± 0.53）μm，赤道轴长（21.93 ± 0.59）μm，P/E 为 0.99。赤道面观与极面观均为近圆形。外壁有两种形态。①外壁表面具清楚的刺状雕纹，刺周围有小孔，无脊和脊腔；②花粉粒具脊，且有脊腔。

生境与分布：生于村旁、路边及荒地。产于我国华东、华中、华南、西南地区。广泛分布于亚洲和美洲的热带与亚热带地区。

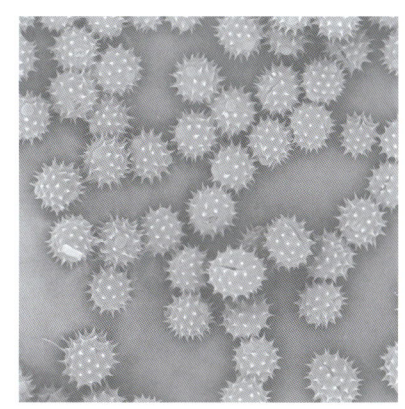

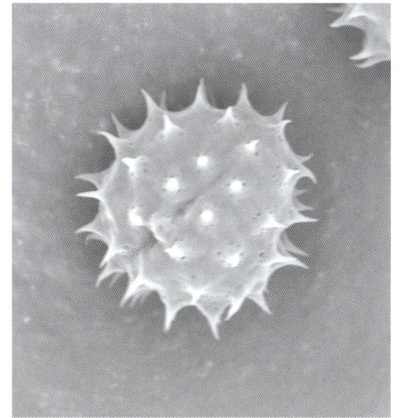

100. 三裂叶蟛蜞菊
Sphagneticola trilobata (Linnaeus) Pruski

别名：穿地龙、地锦花、三裂蟛蜞菊。

植株特征：茎横卧地面，茎长可达 2 m 以上。对生，椭圆形，叶上有 3 裂，故名三裂叶蟛蜞菊。头状花序，多单生，外围雌花 1 层，舌状，顶端 2~3 齿裂，黄色，中央两性花，黄色。瘦果。花期几乎全年。

花粉形态特征：花粉粒呈球形，极轴长（29.03±1.59）μm，赤道轴长（26.03±0.47）μm，P/E 为 1.12。赤道面观与极面观均为圆形。外壁表面具清楚的刺状雕纹，刺周围有小孔。

生境与分布：常栽培在路边、花台或水岸边用于观赏。原产于美洲热带地区。我国部分地区已逸生。

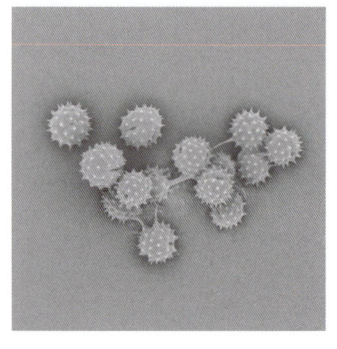
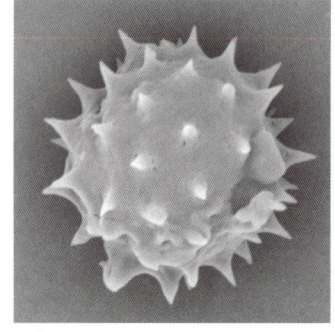
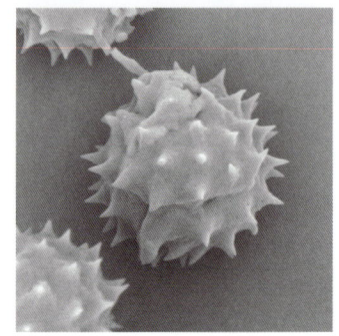

参考文献

方晨，2020. 不同观察方式下的花粉形态变化幅度研究 [D]. 上海：华东师范大学.

海德玛莉·哈布里特，2021. 图解花粉术语 [M]. 姚轶峰，译. 武汉：湖北科学技术出版社.

黄真，李兆翌，2008. 扫描电镜应用于植物类中药鉴定的研究进展 [C]// 中华中医药学会第九届中药鉴定学术会议论文集——祝贺中华中医药学会中药鉴定分会成立二十周年. 北京：中华中医药学会中药鉴定分会. 65-68.

李伟，1996. 扫描电子显微镜及其分析技术简介 [J]. 山东电力技术 (2)：77-38.

苏凡，邓文明，唐冰，2023. 兴隆热带植物园科普丛书之热带特色水果 [M]. 北京：中国农业科学技术出版社.

王开发，王宪曾，1983. 孢粉学概论 [M]. 北京：北京大学出版社.

王伟铭，2009. 中国孢粉学的研究进展与展望 [J]. 古生物学报，48(3)：338-346.

吴晓鹏，高爱平，徐志，2022. 芒果种质资源雄花光镜与花粉扫描电镜图解 [M]. 北京：中国农业出版社.

杨向晖，吴颖欣，林顺权，2009. 6 种枇杷属植物花粉形态扫描电镜观察 [J]. 果树学报，26(4):572-576.

杨小波，陈综铸，李东海，等，2019. 海南植被志（第一卷）[M]. 北京：科学出版社.

赵孟良，任延靖，2021. 扫描电子显微镜在植物中的应用研究进展 [J]. 电子显微学报，40(2)：197-202.